Dr. Ranjit Barua
Dr. Sudipto Datta

Bioimpressão

Dr. Ranjit Barua
Dr. Sudipto Datta

Bioimpressão

Conceitos e aplicações

ScienciaScripts

Imprint

Cover image: www.ingimage.com

This book is a translation from the original published under ISBN 978-620-0-09289-2.

Publisher:
Sciencia Scripts
is a trademark of
Dodo Books Indian Ocean Ltd. and OmniScriptum S.R.L publishing group

120 High Road, East Finchley, London, N2 9ED, United Kingdom
Str. Armeneasca 28/1, office 1, Chisinau MD-2012, Republic of Moldova, Europe
Managing Directors: Ieva Konstantinova, Victoria Ursu
info@omniscriptum.com

Printed at: see last page
ISBN: 978-620-8-53289-5

Bioimpressão

Conceitos e aplicações

Dr. Ranjit Barua

Dr. Sudipto Datta

A todos os médicos, engenheiros e investigadores cujos esforços incansáveis melhoram vidas e moldam o futuro dos cuidados de saúde e da tecnologia. O vosso empenho na inovação, nos cuidados aos doentes e no avanço do conhecimento serve como um farol de esperança e inspiração para a humanidade.

Índice

Prefácio

A bioimpressão surgiu como uma tecnologia transformadora na intersecção da engenharia, da biologia e da medicina, prometendo avanços sem precedentes na engenharia de tecidos, na medicina regenerativa e nos cuidados de saúde personalizados. Este livro, *Bioprinting: Concepts and Applications,* mergulha no fascinante mundo da bioimpressão, fornecendo uma exploração abrangente dos seus princípios fundamentais, diversas técnicas e aplicações inovadoras.

O livro começa com uma introdução à bioimpressão, traçando as suas raízes históricas e preparando o terreno com uma visão geral das suas principais tecnologias e importância nas ciências médicas. Em seguida, uma análise pormenorizada das técnicas de bioimpressão, como o jato de tinta, a extrusão e a bioimpressão assistida por laser, realça a amplitude das abordagens neste domínio. As técnicas emergentes e o seu potencial para moldar o futuro da bioimpressão são também amplamente debatidos.

Um aspeto essencial da bioimpressão é o desenvolvimento e a utilização de biotintas. Neste contexto, exploramos a composição e a preparação de biotintas naturais e sintéticas, as suas propriedades e a sua adaptação a aplicações específicas. O capítulo sobre andaimes bioimpressos aborda mais detalhadamente a conceção, as considerações estruturais e os avanços nos andaimes impressos em 3D, que são cruciais para o sucesso da engenharia de tecidos.

As aplicações em engenharia de tecidos constituem o núcleo desta tecnologia, com capítulos dedicados à engenharia de tecidos cutâneos, ósseos, cartilagíneos e vasculares. Do mesmo modo, as aplicações da medicina regenerativa, como a cicatrização de feridas, a regeneração de órgãos e a integração com tecnologias de células estaminais, são discutidas para realçar o potencial da medicina personalizada.

As aplicações avançadas da bioimpressão são exploradas através do seu papel em modelos de órgãos num chip, testes de medicamentos e modelação de doenças, demonstrando a sua utilidade para além das práticas médicas tradicionais. O capítulo sobre desafios e perspectivas futuras aborda as limitações, considerações éticas e o impacto transformador da inteligência artificial no avanço das tecnologias de bioimpressão.

Para inspirar os leitores, o livro também inclui estudos de casos reais e histórias de sucesso, fornecendo informações sobre realizações marcantes, investigação translacional e adoção pela indústria. Estes exemplos sublinham as aplicações práticas e o potencial de translação da bioimpressão em contextos clínicos.

Este livro destina-se a estudantes, investigadores e profissionais de áreas multidisciplinares como a engenharia biomédica, a ciência dos materiais e os cuidados de saúde. O seu objetivo é servir como um recurso valioso para compreender o estado atual e as possibilidades futuras da bioimpressão.

Esperamos que este livro desperte a curiosidade, promova a inovação e encoraje os esforços de colaboração para continuar a explorar e aproveitar o potencial da bioimpressão para a melhoria da saúde e do bem-estar humanos.

Dr. Ranjit Barua
&
Dr. Sudipto Datta

Agradecimentos

Expressamos a nossa sincera gratidão a todos aqueles que contribuíram para a conclusão bem-sucedida deste livro, *Bioprinting: Conceitos e Aplicações.* Este trabalho é o culminar de esforços colectivos, ideias e orientações de várias instituições, mentores, colegas e amigos estimados.

Antes de mais, gostaríamos de agradecer o apoio inabalável do *IIEST Shibpur* e do seu corpo docente, cujo ambiente académico e instalações de investigação excepcionais nos proporcionaram os conhecimentos fundamentais e a inspiração para explorar o campo da bioimpressão.

Os nossos sinceros agradecimentos ao *IISc Bangalore* pela sua excelência sem paralelo na promoção da investigação e da inovação. A liderança de pensamento e os recursos oferecidos por esta instituição enriqueceram significativamente a nossa compreensão e abordagem das tecnologias avançadas de bioimpressão.

Estamos profundamente gratos ao *OmDayal Group of Institutions, Uluberia,* por nos proporcionar uma plataforma encorajadora e colaborativa para interagir com estudantes e investigadores. O compromisso do instituto para com a aprendizagem interdisciplinar tem sido fundamental para moldar a nossa perspetiva sobre a tradução de conceitos de bioimpressão em aplicações práticas.

Este livro não teria sido possível sem o apoio incansável dos nossos mentores, pares e colegas, que partilharam as suas valiosas ideias e comentários ao longo desta jornada. O seu encorajamento tem sido uma fonte constante de motivação.

Por último, expressamos a nossa sincera gratidão às nossas famílias e amigos, cuja paciência, compreensão e crença inabalável na nossa visão têm sido o nosso pilar de força.

Este livro é dedicado à comunidade científica, aos estudantes e aos profissionais que se esforçam incessantemente por fazer avançar as tecnologias de bioimpressão em benefício da humanidade.

Dr. Ranjit Barua
&
Dr. Sudipto Datta

Capítulo 1: Introdução à Bioimpressão

1.1. Visão geral e antecedentes históricos

A bioimpressão representa um avanço inovador na engenharia biomédica, fundindo os princípios da impressão 3D com as ciências biológicas. O percurso da bioimpressão começou com a evolução das tecnologias de impressão 3D no final do século XX. Inicialmente desenvolvida para aplicações industriais, a impressão 3D rapidamente encontrou o seu caminho para o domínio biomédico, impulsionada pela procura de soluções específicas para cada doente.

No início dos anos 2000, os investigadores começaram a fazer experiências com materiais biológicos como "tintas" para criar estruturas semelhantes a tecidos. O termo "bioimpressão" ganhou proeminência à medida que os cientistas exploravam o seu potencial para fabricar tecidos e órgãos complexos camada a camada. Este campo inspirou-se nas limitações das abordagens tradicionais de engenharia de tecidos, como a incapacidade de reproduzir a arquitetura complexa dos tecidos nativos.

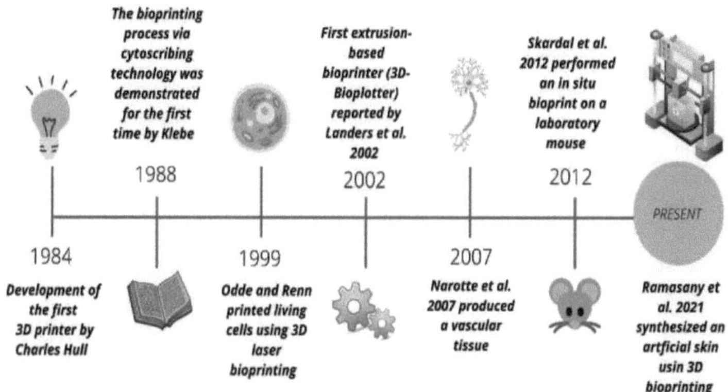

Figura 1. Desenvolvimento do método de bioimpressão 3D (Lima et al., 2022).

As primeiras experiências de bioimpressão centraram-se em construções simples, como a cartilagem e a pele. Ao longo dos anos, a tecnologia evoluiu para incluir tecidos vascularizados, suportes ósseos e protótipos de órgãos.

Os marcos neste domínio incluem o desenvolvimento das primeiras formulações de bioink e a introdução de técnicas de bioimpressão multi-material. Estas inovações abriram caminho para o fabrico de tecidos complexos e expandiram o âmbito da bioimpressão da investigação pré-clínica para aplicações clínicas (Murphy & Atala, 2014).

1.2. Fundamentos das tecnologias de bioimpressão

A bioimpressão é uma fronteira em evolução na engenharia biomédica, oferecendo possibilidades transformadoras para a engenharia de tecidos e a medicina regenerativa. Desde as suas raízes históricas na impressão 3D até ao seu estatuto atual como uma ferramenta versátil para o fabrico de estruturas biológicas, a bioimpressão continua a alargar os limites do que é possível nos cuidados de saúde. À medida que a investigação progride, a integração da bioimpressão com tecnologias como a inteligência artificial e os sistemas de órgãos num chip promete desbloquear oportunidades sem precedentes para a medicina personalizada e de precisão. A bioimpressão assenta em três componentes essenciais: biotintas, bioimpressoras e mecanismos de reticulação.

I. **Biotintas**: As biotintas são materiais especializados que combinam células, biomoléculas e componentes de suporte. Devem imitar o microambiente biológico para apoiar a viabilidade e a diferenciação das células. Na Figura 1 é apresentado um resumo dos componentes das biotintas e das plataformas de bioimpressão mais populares. Os bioink comuns incluem polímeros naturais como o alginato, a gelatina e o colagénio, bem como polímeros sintéticos adaptados a aplicações específicas.

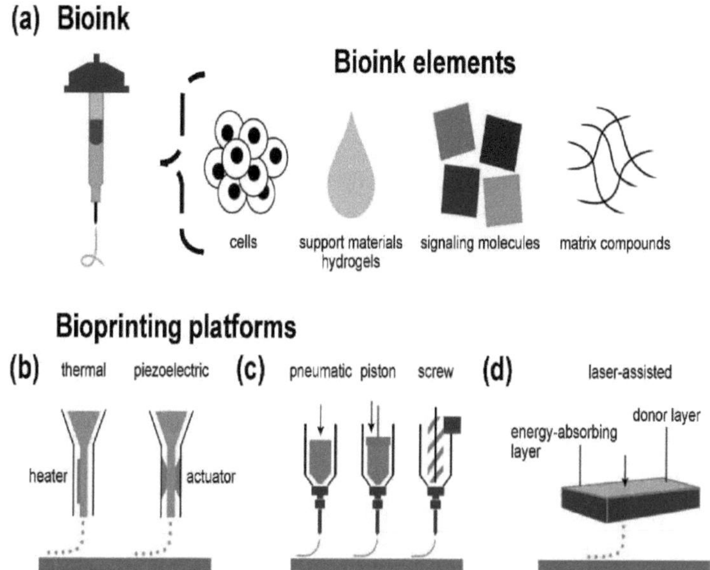

Figura 2. (a) A composição da bioink. As células, os produtos químicos da matriz, as moléculas sinalizadoras e os materiais de suporte - maioritariamente hidrogéis - são os principais componentes das biotintas. (b) A deposição de biotintas com base em gotículas é possível através da bioimpressão a jato e a pedido. Por exemplo, a pressão de ar produzida termicamente ou a pressão piezoeléctrica podem ser utilizadas para promover a produção e deposição de gotículas. Microextrusão (c) A extrusão de filamentos de bioink é a base da bioimpressão, que cria estruturas camada a camada. Forças pneumáticas ou mecânicas (mecanismo de pistão ou parafuso) ajudam na extrusão do bioink. (d) A deposição de bioink numa camada de substrato recetivo é possível através da transferência direta induzida por laser pulsado (seta) através de uma camada de absorção de energia na bioimpressão assistida por laser (Salg et al., 2022).

II. **Bioimpressoras**: A bioimpressora é a principal ferramenta utilizada para fabricar construções de tecidos. Existem três tipos principais de tecnologias de bioimpressão:

- **Bioimpressão a jato de tinta**: Esta abordagem utiliza gotículas de tinta biológica depositadas num padrão preciso, adequado para aplicações de alta resolução.
- **Bioimpressão baseada em extrusão**: As biotintas são extrudidas através de um bocal
para criar estruturas contínuas, permitindo a criação de andaimes de tecido robustos.
- **Bioimpressão assistida por laser**: É utilizado um feixe de laser para direcionar as biotintas
com elevada precisão, permitindo o fabrico de estruturas complexas.

III. **Mecanismos de reticulação**: A ligação cruzada pós-impressão estabiliza a construção bioimpressa. São utilizados métodos físicos, químicos ou enzimáticos para garantir a integridade estrutural e a funcionalidade.

O processo envolve normalmente três fases: pré-bioimpressão (conceção e preparação), bioimpressão (fabrico) e pós-bioimpressão (cultura e maturação). Os avanços na imagiologia e na modelação computacional aumentaram a precisão da bioimpressão, permitindo a recriação de arquitecturas específicas dos tecidos (Mandrycky et al., 2016).

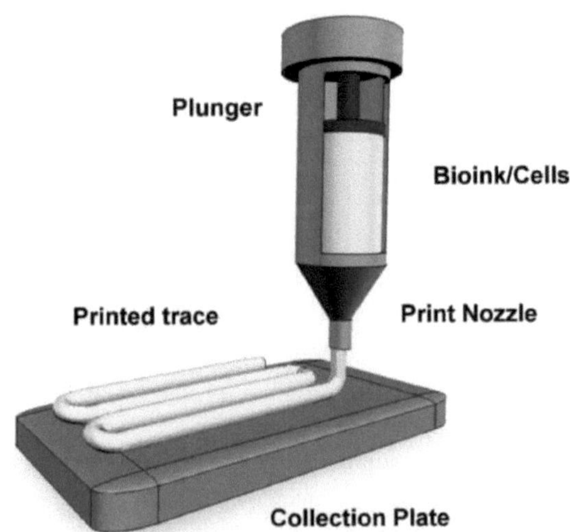

Figura 3. Bioimpressão de bioink por extrusão como um filamento

contínuo numa placa de recolha (Irvine et al., 2016).

1.3. Importância na Engenharia de Tecidos e na Medicina Regenerativa

A bioimpressão aborda desafios críticos na engenharia de tecidos e na medicina regenerativa, permitindo o fabrico de tecidos complexos e funcionais. Ao contrário dos métodos tradicionais de engenharia de tecidos, que se baseiam em andaimes montados manualmente, a bioimpressão oferece precisão e escalabilidade.

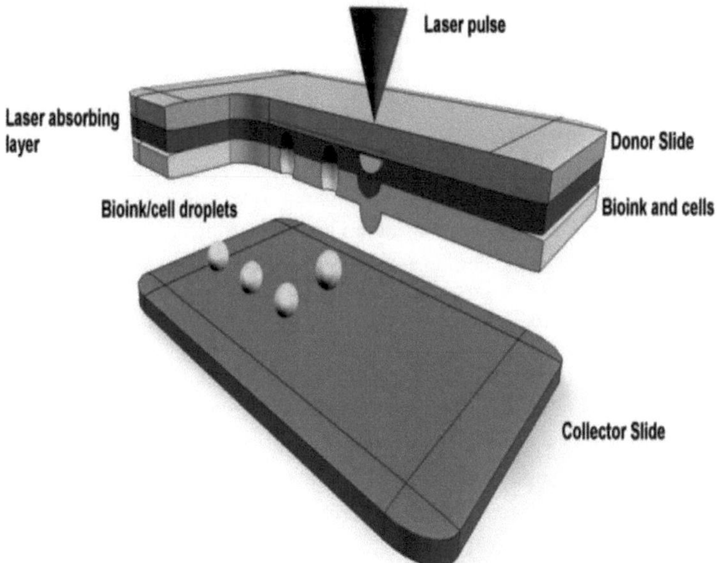

Figura 4. Gotículas de bioink aplicadas a uma lâmina coletora por impulsos de laser para bioimpressão assistida por laser (Irvine et al., 2016).

- **Medicina personalizada**: A bioimpressão facilita o desenvolvimento de tecidos e órgãos específicos do doente, reduzindo o risco de rejeição imunitária. As construções personalizadas podem ser fabricadas com base em dados de imagiologia do doente, garantindo a precisão anatómica e funcional.

- **Desenvolvimento e ensaio de medicamentos**: Os tecidos bioimpressos estão a ser cada vez mais utilizados como modelos para o rastreio de medicamentos e ensaios de toxicidade. Estes modelos oferecem uma alternativa ética e económica aos ensaios em animais, proporcionando resultados relevantes para o ser humano.
- **Transplantação de órgãos**: Embora a bioimpressão de órgãos totalmente funcionais continue a ser um desafio, a tecnologia tem um enorme potencial para resolver a crise global de escassez de órgãos. Os investigadores estão a explorar protótipos de fígado, rim e coração bioimpressos como soluções futuras.
- **Cicatrização e Regeneração de Feridas**: A bioimpressão está a revolucionar o tratamento de feridas ao permitir o fabrico de enxertos de pele e construções vascularizadas. Estas inovações melhoram os resultados de cura para vítimas de queimaduras e doentes com feridas crónicas.

O impacto da bioimpressão vai para além dos cuidados de saúde. A tecnologia está a influenciar áreas como a bioelectrónica, a robótica flexível e as ciências ambientais, demonstrando a sua relevância multidisciplinar.

1.3. Conclusão

A bioimpressão representa uma fronteira inovadora na convergência da engenharia, da biologia e da medicina. Esta tecnologia transformadora evoluiu das suas origens conceptuais para um campo sofisticado capaz de abordar alguns dos desafios mais prementes nos cuidados de saúde e na investigação biomédica. O desenvolvimento histórico da bioimpressão mostra o progresso notável na integração de tecnologias de impressão com materiais biológicos, abrindo caminho para a sua aplicação na engenharia de tecidos e na medicina regenerativa.

Os fundamentos das tecnologias de bioimpressão, incluindo a sua capacidade de depositar células e biomateriais com precisão, realçam o seu potencial para replicar as complexidades estruturais e funcionais dos tecidos humanos. Esta precisão, associada aos avanços nas técnicas de fabrico e bio-tintas, posicionou a bioimpressão como uma ferramenta chave na criação de soluções personalizadas e específicas para cada doente. A importância da bioimpressão na engenharia de tecidos e na medicina regenerativa não pode ser exagerada. Oferece vias inovadoras para o desenvolvimento de tecidos funcionais, para fazer face à escassez de órgãos e para melhorar a medicina personalizada. Para além disso, o seu papel nos testes de medicamentos, na modelação de doenças e nas intervenções terapêuticas sublinha ainda mais a sua versatilidade e o seu impacto de longo alcance. À medida que a bioimpressão continua a avançar, o seu potencial para revolucionar a medicina e melhorar os resultados dos doentes torna-se cada vez mais evidente. No entanto, para concretizar todas as suas potencialidades, será necessário ultrapassar desafios técnicos, éticos e regulamentares. Através de investigação contínua, colaboração interdisciplinar e inovação tecnológica, a bioimpressão está preparada para redefinir o futuro dos cuidados de saúde e da descoberta científica.

Referências

1. Mandrycky, C., Wang, Z., Kim, K., & Kim, D. H. (2016). Bioimpressão 3D para engenharia de tecidos complexos. *Biotechnology Advances, 34(4),* 422-434. https://doi.org/10.1016/j.biotechadv.2015.12.011
2. Lima, T. d. P. L., Canelas, C. A. d. A., Concha, V. O. C., Costa, F. A. M. d., & Passos, M. F. (2022). Tecnologia de Bioimpressão 3D e Hidrogéis Utilizados no Processo. *Journal of Functional Biomaterials, 13*(4), 214.
3. Murphy, S. V., & Atala, A. (2014). Bioimpressão 3D de tecidos e órgãos. *Nature Biotechnology, 32*(8), 773-785. https://doi.org/10.1038/nbt.2958
4. Salg, G. A., Blaeser, A., Gerhardus, J. S., Hackert, T., & Kenngott, H. G. (2022). Vascularização em Tecido Parenquimatoso Bioartificial: Estratégias de Bioink e Bioprinting. *In ternational Journal of Molecular Sciences, 23*(15), 8589. https://doi.org/10.3390/ijms23158589
5. Irvine, S. A., & Venkatraman, S. S. (2016). Bioimpressão e diferenciação de células estaminais. *Molecules, 21*(9), 1188.

Capítulo 2 : Técnicas e abordagens de bioimpressão

2.1. Técnicas e abordagens de bioimpressão

A bioimpressão surgiu como uma tecnologia fundamental no domínio da engenharia de tecidos e da medicina regenerativa, oferecendo oportunidades sem precedentes para fabricar estruturas biológicas complexas com precisão e personalização. Ao contrário dos métodos tradicionais de engenharia de tecidos, a bioimpressão integra técnicas avançadas de fabrico com biomateriais e células vivas, permitindo a criação de construções que imitam de perto os tecidos naturais. Entre os vários aspectos da bioimpressão, as técnicas e abordagens utilizadas são fundamentais, uma vez que determinam a resolução, a escalabilidade e a funcionalidade dos tecidos impressos.

A evolução das técnicas de bioimpressão tem sido impulsionada pela necessidade de abordar os requisitos complexos dos sistemas biológicos. Cada abordagem - jato de tinta, extrusão, assistida por laser e tecnologias emergentes - oferece vantagens e limitações distintas, respondendo a aplicações específicas na investigação biomédica e na prática clínica. Estas técnicas diferem nos seus princípios de funcionamento, compatibilidade de materiais e resultados celulares, tornando a seleção de um método adequado uma consideração fundamental em projectos de bioimpressão (Murphy & Atala, 2014).

Este capítulo explora as principais técnicas e abordagens de bioimpressão, fornecendo uma visão geral dos seus mecanismos, aplicações e avanços. Ao compreender estas tecnologias, os investigadores e profissionais podem navegar melhor nas complexidades da bioimpressão, optimizando o processo para soluções personalizadas no desenvolvimento de medicamentos, reparação de tecidos e muito mais. A discussão também destaca as tendências e inovações emergentes na bioimpressão, que prometem expandir ainda mais as suas capacidades e impacto.

À medida que as tecnologias de bioimpressão continuam a avançar, não só aumentam a nossa capacidade de fabricar tecidos, como também abrem novas vias para a exploração de fenómenos biológicos. Ao aproveitar o potencial destas técnicas, podemos enfrentar desafios críticos nos cuidados de saúde, desde a escassez de órgãos à medicina personalizada, ao mesmo tempo que avançamos na nossa compreensão da biologia humana.

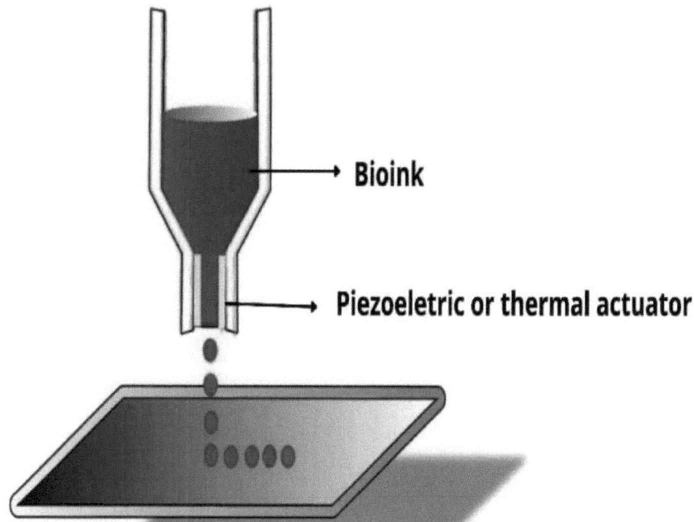

Figura 1. Bioimpressão a jato de tinta (Lima et al., 2022).

2.2. Bioimpressão a jato de tinta

A bioimpressão por jato de tinta é uma das técnicas mais utilizadas no domínio da bioimpressão devido ao seu custo relativamente baixo e à sua elevada precisão (Kryou et al., 2019). Nesta técnica, as biotintas constituídas por células, factores de crescimento e biomateriais são depositadas em pequenas gotículas através de um bocal. A bioimpressão a jato de tinta utiliza mecanismos térmicos ou piezoeléctricos para gerar as gotículas de bioink.

2.2.1. Processo passo a passo da bioimpressão a jato de tinta

A bioimpressão por jato de tinta é um método de impressão sem contacto que utiliza a deposição controlada de gotículas de tinta biológica para criar estruturas biológicas. O processo baseia-se em mecanismos de controlo precisos e é frequentemente comparado com a impressão a jato de tinta tradicional utilizada na impressão 2D. Segue-se uma descrição pormenorizada passo a passo:

❖ **Etapa 1: Conceção do projeto de bioimpressão**

1. **Criação de modelos digitais**:
   - Começar com um modelo 3D da estrutura biológica desejada.
   - Os modelos são normalmente concebidos utilizando software de desenho assistido por computador (CAD) ou gerados a partir de técnicas de imagiologia médica, como a ressonância magnética ou a tomografia computorizada.
2. **Cortar o modelo**:
   - O modelo 3D é cortado em camadas finas utilizando um software.
   - Cada camada corresponde à deposição sequencial de gotículas de bioink durante a impressão.

❖ **Passo 2: Preparação do Bioink**

1. **Formulação Bioink**:
   - As biotintas são preparadas através da combinação de células vivas, factores de crescimento e um material de transporte adequado (por exemplo, hidrogéis como o alginato ou o colagénio).
2. **Otimização**:
   - A viscosidade e as propriedades de fluxo do bioink são ajustadas para assegurar uma ejeção suave através do bocal.
   - A esterilização é efectuada para manter a viabilidade celular.

❖ **Passo 3: Configuração e calibração da impressora**

1. **Seleção do bocal**:
   - Um bocal térmico ou piezoelétrico é selecionado com base nos requisitos específicos.
   - **Bico de jato de tinta térmico**: Aquece momentaneamente a tinta biológica para formar uma bolha de vapor que força uma gota a sair.

- **Bico Piezoelétrico**: Utiliza um cristal piezoelétrico para gerar um impulso de pressão para a ejeção da gota.

2. **Calibração**:
   - A impressora está calibrada para o tamanho das gotas, a precisão da deposição e o espaçamento entre gotas.
   - Parâmetros como o volume da gota, a pressão e a velocidade são ajustados com precisão.

- **Passo 4: Processo de bioimpressão**

1. **Deposição camada a camada**:
   - A impressora deposita gotículas de tinta biológica num padrão preciso num substrato ou suporte.
   - As gotículas são ejectadas em rápida sucessão, formando uma estrutura contínua camada a camada.
2. **Colocação de células**:
   - As células dentro do bioink são estrategicamente colocadas para imitar a arquitetura natural do tecido ou órgão alvo.
3. **Reticulação (se necessário)**:
   - Algumas biotintas requerem ligações cruzadas para estabilizar a estrutura impressa.
   - Os agentes de reticulação (por exemplo, iões de cálcio para o alginato) são aplicados após a deposição ou integrados no processo.

- **Etapa 5: Validação estrutural e biológica**

1. **Validação pós-impressão**:
   - A construção impressa é inspeccionada quanto à integridade estrutural e à precisão dimensional.
   - São utilizadas técnicas de imagem de alta resolução para avaliar as camadas impressas.
2. **Verificação da viabilidade celular**:
   - São efectuados testes para garantir que as células permanecem viáveis e funcionais após o processo de impressão.
   - São monitorizados parâmetros como a proliferação, a

diferenciação e a morfologia das células.

- **Etapa 6: Maturação e testes funcionais**

1. **Incubação**:
   - A estrutura bioimpressa é colocada num ambiente controlado (por exemplo, um bioreactor) para apoiar o crescimento celular e a maturação do tecido.
2. **Avaliação funcional**:
   - A construção é avaliada quanto à sua funcionalidade biológica, como as propriedades mecânicas, a atividade bioquímica e a interação com outras células ou tecidos.

- **Etapa 7: Aplicação ou processamento adicional**

1. **Utilização clínica ou em investigação**:
   - Os constructos totalmente amadurecidos podem ser utilizados em medicina regenerativa, modelação de doenças ou ensaios de medicamentos.
2. **Desenvolvimento adicional**:
   - Se necessário, podem ser aplicadas camadas ou modificações adicionais à construção para melhorar a sua funcionalidade.

2.2.2. Vantagens da bioimpressão a jato de tinta:

- Elevada precisão na colocação das gotas.
- Económica e escalável para produção em grande escala.
- Elevada viabilidade celular devido ao stress mínimo durante a impressão.

2.2.3. Desafios na bioimpressão a jato de tinta:

- Limitado a bio-ligações de baixa viscosidade.
- Potencial stress térmico nas células (em sistemas de jato de tinta térmico).
- Dificuldade em criar estruturas altamente complexas ou vascularizadas.

Seguindo estes passos, a bioimpressão a jato de tinta proporciona uma plataforma versátil para a criação de estruturas biológicas com precisão, abrindo caminho a inovações na engenharia de tecidos e na medicina regenerativa.

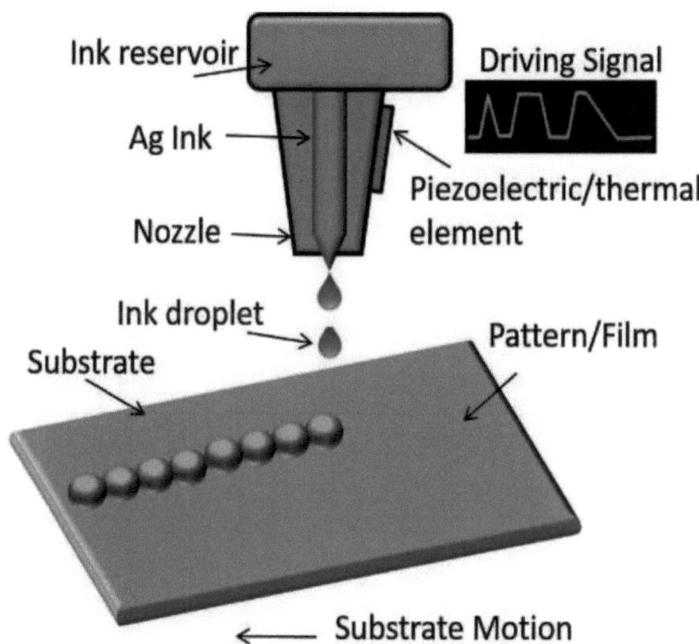

Figura 2. Impressão a jato de tinta térmica (Khan et al., 2019).

2.3. Impressão de jato de tinta térmica

A impressão a jato de tinta térmica envolve o aquecimento da tinta biológica para criar bolhas de vapor que forçam as gotículas a sair do bocal. Este método é ideal para biotintas de baixa viscosidade, mas tem limitações quando se trata de manter a viabilidade celular devido ao calor gerado durante a formação das gotículas. Por outro lado, **a impressão a jato de tinta piezoeléctrica** utiliza um transdutor piezoelétrico para criar impulsos de pressão que ejectam as gotículas, permitindo um melhor controlo do tamanho das gotículas e reduzindo o stress térmico nas células (Jungst et al., 2016).

A bioimpressão por jato de tinta é mais adequada para a impressão de estruturas de tecidos simples, como a pele e a cartilagem, em que são necessários padrões de alta resolução e detalhes finos. No entanto, continuam a existir desafios como a velocidade de impressão limitada, as restrições de viscosidade do bioink e a incapacidade de imprimir com densidades celulares elevadas.

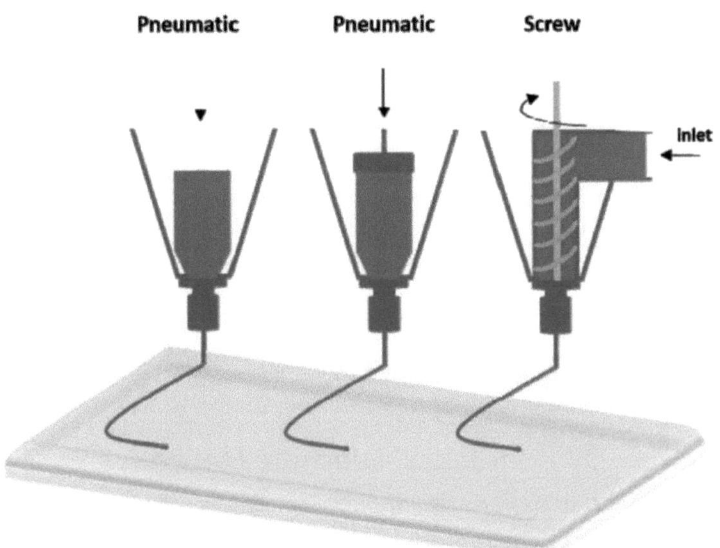

Figura 3. Bioimpressão baseada em extrusão (EBB) (Kryou et al., 2019).

2.4. Bioimpressão por extrusão

A bioimpressão por extrusão (EBB) é um método amplamente utilizado para a bioimpressão de estruturas 3D com maior densidade celular. Esta técnica envolve a extrusão contínua de biotintas através de um bocal aquecido ou arrefecido, criando camadas sólidas ou semi-sólidas que são depositadas umas após as outras. As biotintas utilizadas na impressão por extrusão são normalmente mais viscosas do que as utilizadas na impressão por jato de tinta, o que permite uma melhor integridade estrutural.

Existem diversas variações da bioimpressão por extrusão, incluindo **a escrita direta com tinta (DIW)** e **a modelação por deposição fundida (FDM)**. Na DIW, um sistema de extrusão semelhante a uma seringa dispensa biotintas que endurecem aquando da deposição, tornando-a adequada para a criação de estruturas mais robustas, como os andaimes de osso ou cartilagem (Groll et al., 2016).

A bioimpressão por extrusão é uma das técnicas mais utilizadas na bioimpressão 3D. Funciona através da deposição contínua de biotintas através de um bocal utilizando um sistema de extrusão controlado, permitindo a criação de estruturas biológicas tridimensionais complexas. Esta técnica é valorizada pela sua versatilidade, capacidade de lidar com uma vasta gama de viscosidades de biotintas e adequação ao fabrico de construções de tecidos em grande escala. A sua capacidade para acomodar materiais carregados de células e elementos de suporte tornou-a uma pedra angular na engenharia de tecidos e na medicina regenerativa.

O princípio fundamental da bioimpressão por extrusão envolve a utilização de sistemas pneumáticos, mecânicos ou baseados em solenóides para empurrar a tinta biológica através de um bocal. O bioink é depositado num substrato num padrão pré-determinado para construir a estrutura camada por camada. Ao contrário da bioimpressão por jato de tinta, que utiliza gotículas, a bioimpressão por extrusão emprega um fluxo contínuo de material, permitindo o fabrico de estruturas robustas. O processo começa com a criação de um modelo digital 3D, normalmente utilizando software CAD ou dados de imagiologia médica, que é depois cortado em camadas finas para deposição sequencial.

A formulação de bioink é uma etapa crítica, que envolve a seleção de materiais adequados e a incorporação de componentes biológicos, como células e factores de crescimento. Os polímeros naturais, como o alginato e o colagénio, ou os polímeros sintéticos, como o polietilenoglicol, são normalmente utilizados, dependendo da aplicação pretendida. A impressora é calibrada para otimizar parâmetros como a pressão de extrusão, a velocidade do bocal e a temperatura de impressão para garantir um fluxo consistente e precisão. Durante o processo de impressão, o bioink é depositado em padrões precisos e a estabilização é conseguida através de reticulação ou cura utilizando processos físicos, químicos ou foto-iniciados.

A bioimpressão por extrusão oferece várias vantagens, incluindo a capacidade de processar biotintas com viscosidades elevadas, suportar densidades celulares elevadas e produzir construções de grandes dimensões. No entanto, tem limitações, tais como uma resolução mais baixa em comparação com a bioimpressão assistida por jato de tinta ou por laser e um potencial stress mecânico nas células durante a extrusão. A técnica tem sido aplicada com sucesso na engenharia de tecidos ósseos e cartilaginosos, no fabrico de tecidos moles e no ensaio de medicamentos, o que a torna indispensável tanto para a investigação como para aplicações clínicas.

Os recentes avanços melhoraram as capacidades da bioimpressão por extrusão. A impressão multimaterial permite a deposição simultânea de diferentes biotintas para criar construções mais funcionais, enquanto as técnicas híbridas combinam a extrusão com a bioimpressão assistida por jato de tinta ou laser para melhorar a precisão e a complexidade. Além disso, a inteligência artificial está a ser cada vez mais integrada no processo para otimizar os parâmetros, reduzir os erros e melhorar a qualidade das estruturas bioimpressas.

A bioimpressão baseada em extrusão continua a evoluir, oferecendo um vasto potencial para o fabrico de estruturas biologicamente relevantes. Apesar dos seus desafios, os avanços nos materiais, técnicas e automação estão a expandir as suas aplicações, solidificando o seu papel como ferramenta transformadora na engenharia de tecidos e na medicina regenerativa. A bioimpressão por extrusão pode atingir densidades celulares mais elevadas do que a impressão por jato de tinta e é capaz de produzir estruturas mais complexas. Também permite a utilização de uma variedade de biotintas, como hidrogéis e materiais compósitos, proporcionando a versatilidade necessária para várias aplicações de engenharia de tecidos. No entanto, a técnica pode resultar numa resolução mais baixa em comparação com a bioimpressão por jato de tinta, o que limita a sua aplicabilidade em estruturas de tecidos altamente detalhadas, como as redes vasculares.

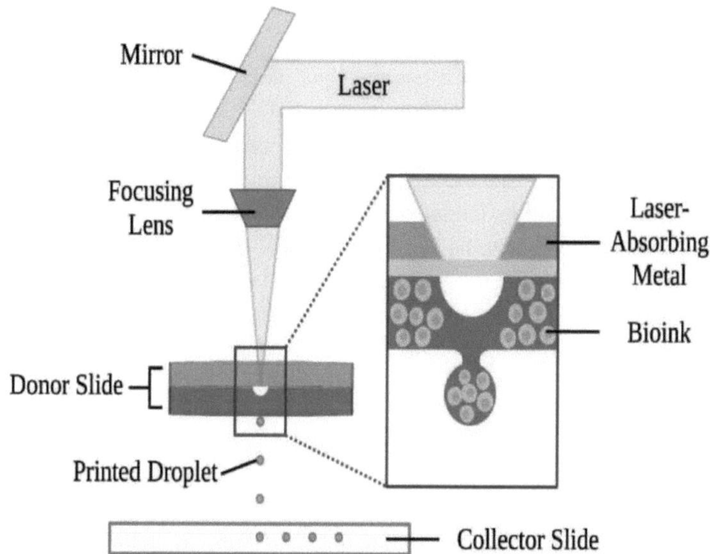

Figura 4. O mecanismo da técnica de bioimpressão assistida por laser. Um feixe de laser, uma lente de focagem e duas lâminas constituem este método. A lâmina dadora é constituída por uma camada de tinta biológica e uma camada metálica que absorve a luz laser. A camada metálica é vaporizada por impulsos de laser, criando gotículas que são depois descarregadas na lâmina coletora que se encontra por baixo (Wu et al., 2023).

2.5. Bioimpressão assistida por laser

A bioimpressão assistida por laser (LAB) é uma técnica precisa e inovadora que utiliza a tecnologia laser para fabricar estruturas biológicas tridimensionais. Ao contrário da bioimpressão por extrusão ou por jato de tinta, a LAB não se baseia em bicos para a deposição de material. Em vez disso, utiliza um feixe de laser focalizado para transferir a tinta biológica para um substrato de uma forma altamente controlada, permitindo a criação de estruturas de tecido complexas e de alta resolução. Esta abordagem sem bocal elimina os problemas relacionados com o entupimento, tornando o LAB especialmente adequado para biotintas com elevadas densidades celulares ou propriedades viscosas.

O princípio da bioimpressão assistida por laser baseia-se na técnica de transferência direta induzida por laser (LIFT). O processo envolve três componentes principais: uma fonte de laser, uma lâmina dadora revestida com uma camada de tinta biológica e um substrato recetor . Um impulso de laser focado é dirigido à lâmina dadora, onde gera uma bolha localizada na camada de bioink. Esta bolha impulsiona uma pequena quantidade de bioink para o substrato recetor em gotículas precisas. A energia do laser e a duração do impulso são cuidadosamente calibradas para evitar danos nos componentes biológicos do bioink, tais como células e proteínas.

O processo LAB começa com a preparação da lâmina doadora. Uma fina camada de bioink é espalhada uniformemente num material que absorve a energia do laser, como o titânio ou o ouro. O substrato recetor é posicionado diretamente por baixo da lâmina dadora, assegurando uma colocação precisa das gotículas. Uma vez aplicado o impulso laser, as gotículas de tinta biológica são depositadas camada a camada de acordo com um desenho digital pré-determinado. Este processo pode ser repetido para criar estruturas 3D complexas com elevada resolução espacial.

Uma das vantagens mais significativas do LAB é a sua capacidade de lidar com biotintas com diversas viscosidades e composições. Permite a deposição precisa de células e biomateriais sem os submeter a tensões mecânicas. Além disso, o LAB é ideal para aplicações de alta resolução, permitindo a criação de padrões e estruturas à microescala que são fundamentais para aplicações como a engenharia de tecidos vasculares e construções de tecidos neurais. A principal vantagem do LAB é a sua capacidade de imprimir estruturas de alta resolução com o mínimo de danos térmicos nas células, tornando-o altamente adequado para aplicações em que a viabilidade celular é crítica (Ovsianikov et al., 2011). O LAB também permite a impressão de múltiplos materiais em simultâneo, possibilitando a criação de estruturas complexas e multi-materiais com diferentes tipos de células. Esta capacidade torna-o particularmente útil para a impressão de tecidos heterogéneos, tais como tecidos vascularizados ou enxertos de pele em camadas.

No entanto, a bioimpressão assistida por laser enfrenta desafios relacionados com o controlo preciso da potência do laser e a necessidade de equipamento especializado. A técnica é também mais dispendiosa do que os métodos baseados em jato de tinta ou extrusão, o que limita a sua adoção generalizada em algumas áreas de investigação. Apesar destes desafios, o LAB continua a mostrar-se promissor para o avanço do desenvolvimento de tecidos e órgãos complexos. A dependência da tecnologia laser torna o equipamento relativamente caro e complexo em comparação com outras técnicas de bioimpressão. Além disso, as finas camadas de bioink necessárias para as lâminas dos dadores podem limitar o volume de material disponível para cada impressão. No entanto, os avanços em curso na tecnologia laser e nos materiais estão a resolver estes desafios.

As aplicações da bioimpressão assistida por laser são vastas e estão a crescer rapidamente. A técnica é amplamente utilizada no fabrico de modelos de tecidos altamente pormenorizados para testes de medicamentos e investigação de doenças. Também desempenha um papel crucial na medicina regenerativa, particularmente na criação de estruturas para tecidos delicados como capilares, pele e camadas da retina. A investigação emergente está a explorar o potencial da LAB no fabrico de tecidos híbridos que combinam vários tipos de células e materiais para a regeneração de órgãos.

Em resumo, a bioimpressão assistida por laser representa uma abordagem de vanguarda para a criação de construções de tecidos de alta resolução e biologicamente relevantes. A sua precisão, versatilidade e capacidade de lidar com biotintas delicadas tornam-na uma ferramenta valiosa na engenharia de tecidos e na medicina regenerativa. Embora subsistam desafios como o custo e as limitações materiais, os avanços na tecnologia e nas técnicas de bioimpressão prometem expandir as aplicações da LAB nos próximos anos.

2.6. Técnicas emergentes de bioimpressão

A bioimpressão, o processo de criação de tecidos vivos tridimensionais (3D) através da deposição de células e biomateriais, baseia-se numa variedade de técnicas de impressão avançadas. Cada técnica tem os seus pontos fortes e desafios únicos, e a escolha do método de bioimpressão depende frequentemente da aplicação pretendida, do tipo de tecido a ser fabricado e do bioink utilizado. Este capítulo explora as principais técnicas de bioimpressão, os seus princípios, aplicações e abordagens emergentes.

Embora o jato de tinta, a extrusão e a bioimpressão assistida por laser continuem a ser os métodos dominantes, várias técnicas emergentes estão a começar a mostrar potencial para revolucionar este campo. Estes métodos foram concebidos para ultrapassar as limitações das tecnologias de bioimpressão existentes, como a baixa resolução, a compatibilidade limitada de materiais e a incapacidade de imprimir tecidos funcionais com elevada precisão.

2.6.1. Estereolitografia (SLA)

A bioimpressão SLA utiliza luz ultravioleta (UV) para curar uma resina de fotopolímero camada a camada. A SLA permite a impressão de estruturas de alta resolução, tornando-a adequada para aplicações que exigem pormenores precisos. Quando combinada com biotintas, a SLA pode produzir andaimes de tecido complexos que se assemelham muito à arquitetura do tecido nativo.

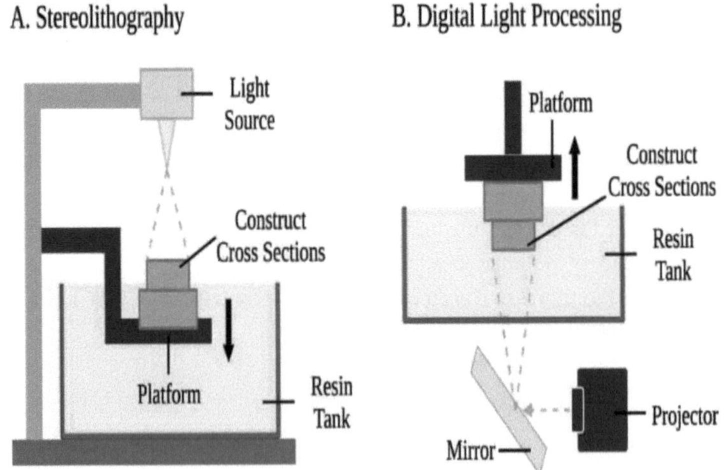

Figura 5. Diagramas de (A) estereolitografia e (B) processamento digital de luz e bioimpressão. (A) Uma fonte de luz, um tanque de resina de fotopolímero e uma plataforma de movimento são utilizados na

estereolitografia. Depois de cada camada estar concluída, a plataforma é baixada para permitir que a resina fresca flua por baixo das secções transversais da construção que o laser desenhou. Este processo é repetido camada após camada. (B) Um projetor de luz e um espelho que reflecte a luz recebida são utilizados no processamento digital de luz.
À medida que a plataforma se move verticalmente, camadas inteiras da bio-tinta são simultaneamente cimentadas de forma selectiva (Wu et al., 2023).

➢ Princípio de funcionamento do SLA

O processo de SLA começa com o desenho de um modelo 3D utilizando um software de desenho assistido por computador (CAD). Este projeto digital é depois cortado em camadas finas, que servem de guia para a impressora. A bioimpressora SLA contém uma cuba cheia de resina fotossensível líquida. Um laser UV ou uma fonte de luz cura seletivamente a resina com base nos dados CAD cortados.

A plataforma sobre a qual a estrutura é construída é submersa na resina, com o laser a curar uma camada de cada vez. Depois de cada camada estar solidificada, a plataforma move-se gradualmente para expor a camada seguinte à fonte de luz. Este processo continua até que toda a construção 3D esteja formada. São necessários passos de pós-processamento, como a lavagem e a cura, para remover a resina não curada e melhorar as propriedades mecânicas e biológicas da construção final.

➢ Vantagens do SLA na bioimpressão

1. **Elevada precisão e resolução**: A SLA pode criar estruturas com detalhes extremamente finos, o que a torna ideal para aplicações que requerem designs complexos, como redes microvasculares ou modelos de órgãos num chip.
2. **Versatilidade de materiais**: A SLA é compatível com vários materiais fotopolimerizáveis, incluindo resinas biocompatíveis e biodegradáveis, que são cruciais para aplicações biomédicas.
3. **Qualidade da superfície**: As construções criadas com SLA têm superfícies lisas, reduzindo a necessidade de pós-processamento extensivo e melhorando a adesão das células.

➢ **Aplicações em Bioimpressão**

1. **Scaffolds de tecidos**: A SLA tem sido amplamente utilizada para fabricar suportes com estruturas de poros precisas que imitam a matriz extracelular, promovendo a proliferação celular e a regeneração de tecidos.

2. **Dispositivos microfluídicos**: A capacidade da SLA para produzir caraterísticas de alta resolução é aproveitada para criar plataformas de órgãos num chip, que são essenciais para o ensaio de medicamentos e a modelação de doenças.
3. **Implantes dentários e ortopédicos**: A precisão da SLA é benéfica na produção de implantes e próteses personalizados, adaptados à anatomia individual do paciente.

➢ **Limitações do SLA**

Embora a SLA ofereça inúmeras vantagens, não está isenta de desafios. A disponibilidade limitada de resinas biocompatíveis, a toxicidade potencial dos fotoiniciadores e a velocidade de impressão relativamente lenta para construções maiores são limitações notáveis. Além disso, o processo de cura camada a camada pode, por vezes, resultar numa fraca ligação entre camadas, afectando a resistência mecânica global da construção.

➢ **Perspectivas futuras da ASL**

Espera-se que os avanços contínuos nos biomateriais fotopolimerizáveis e nas tecnologias SLA expandam as suas aplicações na bioimpressão. O desenvolvimento de bioresinas com maior biocompatibilidade, propriedades mecânicas e taxas de degradação ajustáveis poderá ultrapassar as limitações existentes. Além disso, a integração da SLA com outras técnicas de bioimpressão poderá permitir o fabrico de estruturas híbridas que combinem os pontos fortes de várias modalidades.

A estereolitografia destaca-se como uma ferramenta poderosa na bioimpressão, permitindo o fabrico de construções biomédicas altamente detalhadas e funcionais. À medida que o campo progride, a SLA está preparada para desempenhar um papel ainda maior no avanço da engenharia de tecidos e da medicina regenerativa.

2.6.2. Bioimpressão por processamento digital de luz (DLP)

A bioimpressão por Processamento Digital de Luz (DLP) é uma técnica avançada de fabrico aditivo que utiliza a projeção digital de luz para polimerizar biotintas fotossensíveis, camada a camada, para criar estruturas biológicas tridimensionais (3D) altamente detalhadas e complexas. O DLP partilha semelhanças com a estereolitografia (SLA), mas utiliza um dispositivo digital de micro-espelhos (DMD) para projetar a luz, permitindo a cura simultânea de camadas inteiras, o que aumenta a velocidade e a resolução da impressão.

➤ **Princípio de funcionamento da bioimpressão DLP**

O processo de bioimpressão DLP envolve os seguintes passos:

1. **Preparação do Bioink**: São preparadas biotintas fotossensíveis, normalmente compostas por hidrogéis fotopolimerizáveis e células vivas. Estas biotintas devem apresentar uma elevada viabilidade celular e biocompatibilidade.
2. **Desenho digital**: É criado um modelo 3D da estrutura pretendida utilizando um software de desenho assistido por computador (CAD) e dividido em camadas 2D.
3. **Projeção de luz**: Um DMD projecta um padrão digital de luz UV ou visível na superfície do bioink, curando uma camada inteira de uma só vez.
4. **Fabrico camada a camada**: A camada curada é solidificada e a plataforma de construção é gradualmente baixada para o reservatório de bioink para a camada seguinte. Este processo é repetido até que toda a construção esteja formada.
5. **Pós-processamento**: A estrutura impressa pode ser submetida a uma lavagem para remover o bioink não curado e a uma cura adicional para melhorar a estabilidade e a funcionalidade.

➤ **Vantagens da bioimpressão DLP**

1. **Alta resolução**: A bioimpressão DLP oferece uma precisão

excecional e a capacidade de fabricar estruturas com detalhes intrincados, tornando-a adequada para aplicações microvasculares e de órgãos num chip.

2. **Velocidade de impressão rápida**: A cura simultânea de camadas inteiras reduz significativamente o tempo de impressão em comparação com as técnicas ponto a ponto, como a bioimpressão a jato de tinta.
3. **Versatilidade em materiais**: A DLP é compatível com uma vasta gama de biotintas, incluindo polímeros naturais e sintéticos, permitindo a personalização para aplicações específicas.
4. **Viabilidade melhorada**: O tempo reduzido de exposição à luz minimiza os danos celulares, garantindo uma maior viabilidade celular nas construções impressas.

➢ **Aplicações da bioimpressão DLP**

1. **Engenharia de tecidos**: A DLP é amplamente utilizada para fabricar suportes com porosidade e geometria controladas, permitindo um crescimento celular preciso e a regeneração de tecidos.

2. **Modelos de órgãos num chip**: A sua alta resolução permite a criação de dispositivos microfluídicos utilizados em testes de medicamentos e modelação de doenças.
3. **Regeneração de cartilagem e osso**: A capacidade de produzir estruturas mecanicamente robustas torna a DLP adequada para aplicações ortopédicas.
4. **Implantes personalizados**: Os implantes específicos para cada paciente, como coroas dentárias ou estruturas craniofaciais, são fabricados com DLP devido à sua precisão e adaptabilidade.

➢ **Desafios da bioimpressão DLP**

1. **Restrições materiais**: A disponibilidade limitada de biotintas fotopolimerizáveis com propriedades mecânicas e biológicas óptimas constitui um desafio significativo.
2. **Potencial citotoxicidade**: Os fotoiniciadores utilizados nas biotintas podem ter efeitos adversos na viabilidade celular se não forem

cuidadosamente optimizados.

3. **Escalabilidade**: Embora a DLP seja excelente em aplicações de pequena escala, a produção de grandes construções de tecidos em escala real continua a ser um desafio.
4. **Penetração da luz**: A profundidade da penetração da luz pode afetar a uniformidade e a resolução da construção, particularmente em camadas mais espessas.

➤ **Perspectivas futuras**

O futuro da bioimpressão DLP é promissor, com investigação em curso destinada a ultrapassar as actuais limitações. Espera-se que as inovações nas formulações de bioink, tais como hidrogéis biodegradáveis e carregados de células, expandam as suas aplicações. A integração da DLP com outras técnicas de bioimpressão e sistemas de imagiologia em tempo real irá melhorar as suas capacidades para construções híbridas e multimateriais. Além disso, os avanços nas tecnologias de fotoiniciadores resolverão as preocupações relacionadas com a citotoxicidade, melhorando ainda mais a viabilidade clínica da bioimpressão DLP.

A bioimpressão por Processamento Digital de Luz representa uma abordagem transformadora no domínio da engenharia de tecidos e da medicina regenerativa, oferecendo precisão, rapidez e versatilidade. À medida que a tecnologia evolui, está preparada para contribuir significativamente para o desenvolvimento de sistemas biológicos complexos e soluções médicas personalizadas.

2.6.3. Bioimpressão com campos magnéticos

A bioimpressão magnética emprega a utilização de nanopartículas magnéticas incorporadas em biotintas para alinhar e modelar as células durante o processo de impressão. A aplicação de um campo magnético externo ajuda a controlar a orientação e a posição da bio-tinta, permitindo a criação de arquitecturas de tecidos mais estruturadas e controladas. Esta técnica tem o potencial de melhorar a impressão de estruturas de tecido com uma melhor organização celular.

A bioimpressão com campos magnéticos é uma abordagem inovadora que utiliza forças magnéticas para guiar e montar células, biomateriais e biotintas em estruturas tridimensionais (3D) precisas. Este método introduz uma técnica não invasiva e altamente controlável para organizar componentes biológicos, oferecendo vantagens únicas na engenharia de tecidos e na medicina regenerativa.

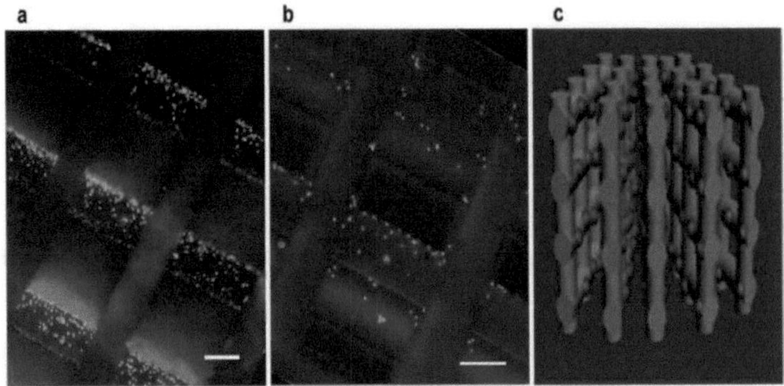

Figura 6. Células marcadas magneticamente em andaimes magnetizados (barras de tamanho 200 μm) são padronizadas microespacialmente das seguintes maneiras: (a) andaime magnético de PCL/Fe- hidroxiapatita (HA); (b) andaime não magnético de PCL/HA; e (c) representação esquemática de arquiteturas celulares tridimensionais construídas magneticamente (Goranov et al., 2020).

➢ Princípio de funcionamento da bioimpressão magnética

O processo começa com a magnetização de células ou a sua incorporação em nanopartículas magnéticas ou hidrogéis. Estes componentes magnetizados são depois sujeitos a um campo magnético externo, que orienta o seu posicionamento e montagem. As forças magnéticas podem ser ajustadas com precisão para manipular a disposição espacial das células e dos biomateriais, criando arquitecturas de tecidos complexas sem a necessidade de suportes físicos.

As principais etapas da bioimpressão magnética incluem:

1. **Magnetização de células**: As células são marcadas com nanopartículas magnéticas biocompatíveis, garantindo a ausência de

efeitos adversos na sua viabilidade ou função.

2. **Aplicação de campo**: São aplicados campos magnéticos externos para guiar e alinhar as células magnetizadas ou os biomateriais numa configuração desejada.
3. **Reticulação e estabilização**: Uma vez formada a estrutura, são utilizados agentes de reticulação ou outros métodos de estabilização para solidificar a construção.

➢ **Vantagens da bioimpressão magnética**

1. **Abordagem sem andaimes**: A bioimpressão magnética elimina a necessidade de andaimes tradicionais, permitindo o fabrico de tecidos sem andaimes que imitam de perto a organização dos tecidos nativos.
2. **Elevada precisão e controlo**: O campo magnético proporciona um mecanismo sem contacto para uma manipulação precisa, permitindo a criação de estruturas 3D complexas.
3. **Montagem rápida**: Este método permite uma montagem mais rápida de construções de tecidos em comparação com algumas técnicas convencionais de bioimpressão.
4. **Ajustes dinâmicos**: Os campos magnéticos podem ser ajustados em tempo real para modificar a disposição das células ou dos materiais, oferecendo uma flexibilidade sem paralelo durante o processo de bioimpressão.

➢ **Aplicações em Bioimpressão**

1. **Construções de tecidos vascularizados**: Os campos magnéticos podem orientar a organização de células endoteliais em estruturas tubulares, facilitando a criação de redes vasculares.
2. **Engenharia de Tecidos Cardíacos**: As células cardíacas magnetizadas podem ser alinhadas para imitar as propriedades anisotrópicas do tecido cardíaco, melhorando a funcionalidade em remendos cardíacos projectados.
3. **Organóides e modelos de doenças**: A bioimpressão magnética é utilizada para criar organoides e modelos de tecidos para estudar a progressão de doenças e a reação a medicamentos.
4. **Regeneração óssea**: Os biomateriais magnetizados com propriedades

osteocondutoras são utilizados para fabricar estruturas ósseas que promovem a mineralização e a cicatrização.

- **Limitações da bioimpressão magnética**

Embora a bioimpressão magnética ofereça vantagens significativas, também enfrenta desafios :

1. **Biocompatibilidade das partículas magnéticas**: Garantir a segurança e a não toxicidade das nanopartículas magnéticas é crucial para as aplicações clínicas.
2. **Uniformidade do campo**: A manutenção de um campo magnético consistente e preciso em grandes construções pode ser tecnicamente exigente.
3. **Resistência mecânica**: As construções fabricadas com campos magnéticos podem necessitar de um reforço adicional para satisfazer as exigências mecânicas de determinados tecidos.

- **Direcções futuras da bioimpressão magnética**

A integração da bioimpressão magnética com outras tecnologias, como a inteligência artificial (IA) e sistemas avançados de imagiologia, poderá permitir o fabrico automatizado e altamente optimizado de tecidos. A investigação sobre nanopartículas magnéticas biodegradáveis e funcionais alargará ainda mais as aplicações desta técnica. Além disso, a combinação da bioimpressão magnética com outras modalidades de bioimpressão, como a extrusão ou as técnicas assistidas por laser, poderá conduzir a abordagens híbridas que ultrapassem as actuais limitações.

A bioimpressão magnética representa um passo transformador na evolução da engenharia de tecidos, oferecendo uma abordagem sem andaimes, precisa e versátil para o fabrico de construções de tecidos complexos. À medida que a tecnologia amadurece, tem um imenso potencial para revolucionar a medicina regenerativa e os cuidados de saúde personalizados.

2.6.4. Bioimpressão microfluídica

A bioimpressão microfluídica é uma técnica inovadora que combina os princípios da microfluídica e da bioimpressão para fabricar estruturas biológicas altamente precisas e controladas. Ao utilizar a manipulação de fluidos em microescala, esta abordagem permite a geração de construções de tecidos intrincados com resoluções espaciais e composicionais finas, tornando-a uma ferramenta promissora para aplicações em engenharia de tecidos, testes de medicamentos e modelação de doenças. Esta abordagem permite um controlo preciso da organização e interação das células, tornando-a ideal para aplicações como a engenharia de tecidos vasculares, em que é essencial um controlo preciso dos microambientes.

> Princípio de funcionamento da bioimpressão microfluídica

1. **Conceção de dispositivos microfluídicos**: O processo começa com a conceção e o fabrico de um chip microfluídico, normalmente feito de materiais como o polidimetilsiloxano (PDMS). Estes chips contêm canais que guiam o fluxo de bio-links.
2. **Preparação do bioink**: As células são encapsuladas em hidrogéis ou biotintas que são compatíveis com o sistema microfluídico. Estas biotintas devem apresentar propriedades de fluxo e biocompatibilidade óptimas.
3. **Fluxo e mistura controlados**: As bio-ligações são injectadas nos canais microfluídicos utilizando bombas. As taxas de fluxo e os parâmetros de mistura são controlados com precisão para garantir a uniformidade e evitar o entupimento.
4. **Processo de impressão**: O chip microfluídico direciona a tinta biológica para o bocal de impressão, onde é extrudida camada a camada para criar a estrutura 3D pretendida.
5. **Reticulação**: A construção impressa é estabilizada através de ligações cruzadas químicas ou físicas para manter a sua forma e funcionalidade.

> Vantagens da bioimpressão microfluídica

1. **Elevada precisão**: Os sistemas microfluídicos proporcionam um controlo excecional sobre a distribuição espacial de células e biomateriais, permitindo a criação de estruturas complexas e heterogéneas.

2. **Utilização eficiente de materiais**: A utilização de canais em microescala minimiza os resíduos, tornando este método económico e amigo do ambiente.
3. **Ambiente dinâmico**: A capacidade de manipular várias bio-ligações em simultâneo permite a recriação de ambientes de tecido com composições graduadas ou em camadas.
4. **Versatilidade**: A bioimpressão microfluídica é compatível com uma vasta gama de biotintas, desde hidrogéis naturais a polímeros sintéticos, e pode acomodar vários tipos de células.

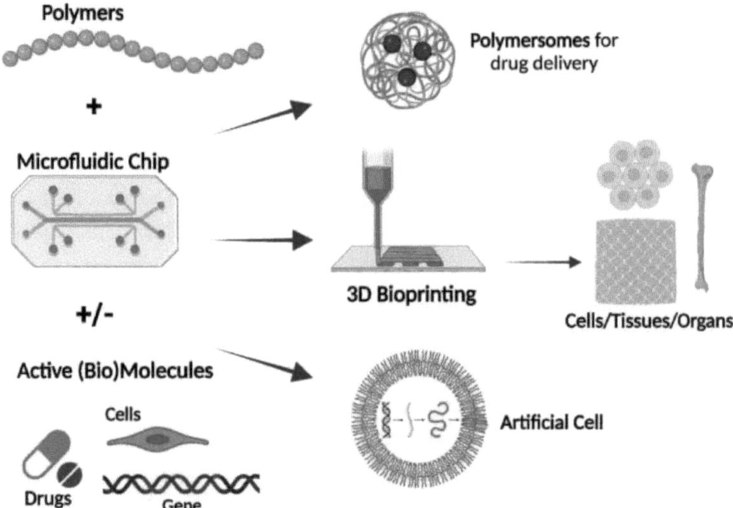

Figura 7. Aplicação de chips microfluídicos e polímeros numa variedade de formas (Damiati et al., 2022).

➢ **Aplicações da bioimpressão microfluídica**

1. **Modelos de órgãos num chip**: A bioimpressão microfluídica é amplamente utilizada para fabricar dispositivos de órgãos numa pastilha que simulam a funcionalidade dos tecidos humanos, permitindo estudos avançados em testes de medicamentos e modelação de doenças.
2. **Engenharia de Tecidos Vasculares**: A resolução fina da

microfluídica é ideal para a criação de redes vasculares, que são críticas para a viabilidade dos tecidos projectados.

3. **Tecidos em Gradiente**: Os gradientes de células e biomateriais, essenciais para tecidos como a cartilagem e o osso, podem ser criados sem problemas com esta técnica.
4. **Construções personalizáveis**: A técnica permite a produção a pedido de construções de tecidos adaptadas às necessidades específicas dos doentes.

➢ **Desafios da bioimpressão microfluídica**

1. **Fabrico de dispositivos complexos**: A conceção e o fabrico de chips microfluídicos com geometrias de canal precisas requerem competências e equipamento especializados.
2. **Compatibilidade do Bioink**: Garantir que as propriedades do bioink, como a viscosidade e a viabilidade celular, se alinham com os requisitos microfluídicos pode ser um desafio.
3. **Problemas de entupimento**: Os canais em microescala são susceptíveis de entupir, o que pode perturbar o processo de impressão e comprometer a qualidade da construção.
4. **Limitações de aumento de escala**: Embora a bioimpressão microfluídica seja excelente em aplicações de pequena escala, o aumento de escala para construções maiores continua a ser difícil.

➢ **Direcções futuras da bioimpressão microfluídica**

Espera-se que a integração da bioimpressão microfluídica com tecnologias avançadas, como a inteligência artificial (IA) e a imagiologia em tempo real, aumente a sua precisão e automatização. As inovações no desenvolvimento de biotintas, incluindo materiais de diluição por cisalhamento e sensíveis às células, resolverão os actuais problemas de compatibilidade e alargarão a gama de aplicações. Além disso, os sistemas de bioimpressão híbridos que combinam a microfluídica com outras técnicas, como a extrusão ou a impressão assistida por laser, permitirão a criação de construções multifuncionais e multimateriais.

A bioimpressão microfluídica representa um salto significativo no campo da biofabricação, oferecendo um controlo e uma precisão sem paralelo na criação de tecidos biologicamente relevantes. À medida que os avanços continuam, esta tecnologia está preparada para revolucionar a medicina personalizada e a engenharia de tecidos.

2.6.5. Bioimpressão por electrospinning

A electrospinning é uma técnica em que são utilizadas forças electrostáticas para criar estruturas nanofibrosas. Quando combinada com a bioimpressão, a electrospinning pode ser utilizada para fabricar estruturas que imitam a matriz extracelular, proporcionando um melhor suporte para o crescimento e diferenciação celular. Esta abordagem é promissora para aplicações na engenharia de tecidos nervosos e ósseos.

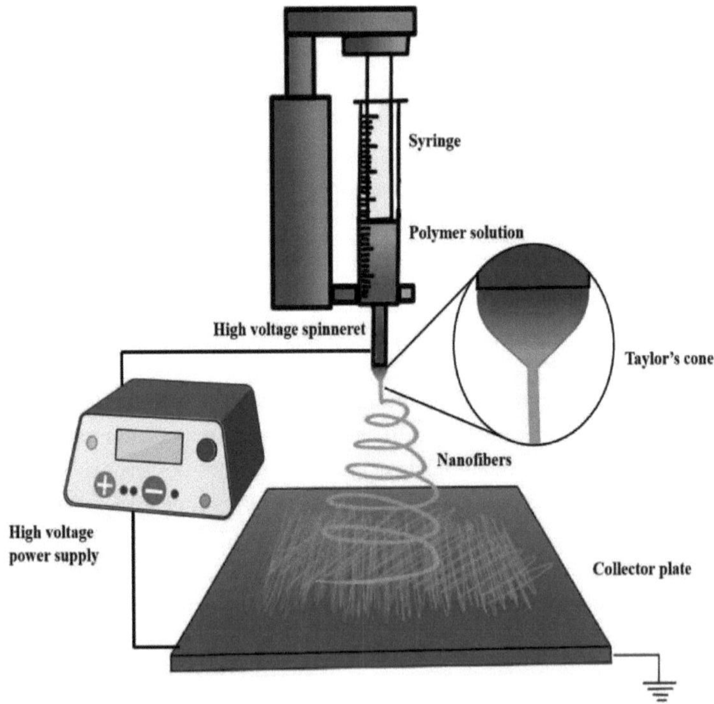

Figura 7. Técnica de electrospinning (Ganesh et al., 2023).

Estas técnicas emergentes continuam a expandir as possibilidades da bioimpressão, permitindo o fabrico de modelos de tecidos mais complexos e funcionais. No entanto, muitos destes métodos ainda se encontram em fase experimental, e desafios como a escalabilidade, a reprodutibilidade e a compatibilidade de materiais têm de ser resolvidos antes de poderem ser amplamente adoptados em aplicações clínicas.

- **Princípio de funcionamento da bioimpressão por electrospinning**

1. **Preparação da solução de polímero**: Uma solução ou fusão de polímero, que pode incluir aditivos biológicos ou células, é preparada para servir de bioink. Os materiais comuns incluem polímeros naturais (p. ex., colagénio, gelatina) ou polímeros sintéticos (p. ex., policaprolactona, ácido poliláctico).
2. **Aplicação de alta tensão**: A solução de polímero é carregada numa seringa ligada a uma fonte de alimentação de alta tensão. O campo elétrico gera uma carga sobre a gota de polímero na ponta da agulha, formando um cone de Taylor.
3. **Formação de fibras**: O jato de polímero é ejectado em direção a um coletor ligado à terra devido ao campo elétrico. À medida que o solvente se evapora, são depositadas fibras finas e contínuas.
4. **Deposição controlada**: Ao integrar tecnologias de bioimpressão, as fibras podem ser colocadas com precisão em camadas nos padrões desejados para criar construções 3D.
5. **Reticulação e estabilização**: O andaime é submetido a reticulação química ou física para melhorar a sua estabilidade mecânica e biocompatibilidade.

- **Vantagens da bioimpressão por electrospinning**

1. **Scaffolds biomiméticos**: A electrospinning produz estruturas fibrosas que se assemelham muito ao ECM, facilitando o comportamento natural das células.
2. **Versatilidade nos materiais**: Pode ser utilizada uma vasta gama de polímeros naturais e sintéticos, proporcionando flexibilidade para várias aplicações.
3. **Elevada área de superfície**: As fibras nanométricas proporcionam uma grande área de superfície, melhorando a adesão das células e a

troca de nutrientes.

4. **Arquitetura personalizável**: A integração da bioimpressão permite a criação de andaimes em camadas, padrões ou gradientes adaptados a necessidades específicas de engenharia de tecidos.

➢ **Aplicações da bioimpressão por electrospinning**

1. **Engenharia de tecidos da pele**: Os scaffolds electrospun são amplamente utilizados para criar substitutos artificiais da pele devido às suas propriedades estruturais e mecânicas.
2. **Reparação de ossos e cartilagens**: A técnica é utilizada para fabricar suportes que promovem a diferenciação osteogénica ou condrogénica para a engenharia de tecidos esqueléticos.
3. **Engenharia de Tecidos Vasculares**: As fibras electrospun com padrões alinhados apoiam a criação de enxertos vasculares e de vasos sanguíneos constructs.
4. **Sistemas de administração de medicamentos**: A incorporação de fármacos ou factores de crescimento em fibras electrospun permite uma administração controlada e localizada.
5. **Cicatrização de feridas**: As nanofibras electrospun servem como pensos eficazes para feridas, apoiando a regeneração dos tecidos e a proteção contra infecções.

➢ **Desafios na bioimpressão por electrospinning**

1. **Encapsulamento de células**: A incorporação direta de células vivas em fibras electrospun é um desafio devido às altas tensões utilizadas, que podem afetar a viabilidade celular.
2. **Resistência mecânica limitada**: Os andaimes electrospun carecem frequentemente de propriedades mecânicas suficientes para aplicações de suporte de carga.
3. **Complexidade das construções**: Embora seja adequado para estruturas 2D ou 3D finas, é difícil criar tecidos 3D espessos e totalmente funcionais.
4. **Aumento de escala**: A produção em larga escala de andaimes electrospun com qualidade consistente continua a ser um desafio.

➢ **Direcções futuras da bioimpressão por electrospinning**

O futuro da bioimpressão por electrospinning reside na sua hibridação com outras técnicas de bioimpressão para ultrapassar as limitações existentes. O desenvolvimento de biotintas avançadas, tais como hidrogéis carregados de células que se integram perfeitamente com as fibras electrospun, irá melhorar a funcionalidade das construções. As inovações na conceção dos bicos e na modulação do campo elétrico permitirão um controlo mais preciso da deposição das fibras. Além disso, a incorporação da monitorização em tempo real e a otimização baseada em IA melhorarão a reprodutibilidade e a escalabilidade.

A bioimpressão por electrospinning é uma promessa significativa para a criação de estruturas de tecido complexas e biomiméticas. À medida que a tecnologia evolui, está preparada para dar contributos profundos para a medicina regenerativa, os cuidados de saúde personalizados e o desenvolvimento de medicamentos.

2.7. Conclusão

As técnicas e abordagens de bioimpressão revolucionaram o campo da engenharia de tecidos, oferecendo soluções precisas e inovadoras para replicar estruturas biológicas. Cada técnica, quer seja a jato de tinta, baseada em extrusão, assistida por laser ou um dos métodos emergentes, traz pontos fortes únicos ao panorama da bioimpressão, respondendo a diversas necessidades em aplicações biomédicas. A adaptabilidade destas abordagens permite que os investigadores adaptem os seus métodos a requisitos específicos, fazendo avançar as capacidades de teste de medicamentos, modelação de doenças e regeneração de tecidos.

medida que este domínio evolui, espera-se que as inovações nas tecnologias de bioimpressão aperfeiçoem ainda mais a resolução, a escalabilidade e a biocompatibilidade das construções impressas. A sinergia destas técnicas com os avanços nas biotintas, na ciência dos materiais e na modelação computacional permitirá a criação de tecidos cada vez mais complexos e funcionais.

A exploração e otimização contínuas das técnicas de bioimpressão são essenciais para ultrapassar as actuais limitações e alcançar todo o potencial desta tecnologia transformadora. Ao tirar partido destas abordagens, a bioimpressão continuará a expandir o seu papel na resolução de desafios críticos nos cuidados de saúde, contribuindo, em última análise, para melhorar os resultados dos doentes e para uma compreensão mais profunda da biologia humana.

Referências

1. Murphy, S. V., & Atala, A. (2014). Bioimpressão 3D de tecidos e órgãos. *Nature Biotechnology, 32(8),* 773-785. https://doi.org/10.1038/nbt.2958
2. Groll, J., Burdick, J. A., Carmichael, B., Cho, D. W., Derby, B., Gelinsky, M., ... & Takeuchi, S. (2016). Uma definição de bioinks e sua distinção de tintas biomateriais. *Biofabrication, 8*(3), 013001. https://doi.org/10.1088/1758- 5090/8/3/013001
3. Lima, T. d. P. L., Canelas, C. A. d. A., Concha, V. O. C., Costa, F. A. M. d., & Passos, M. F. (2022). Tecnologia de Bioimpressão 3D e Hidrogéis Utilizados no Processo. *Journal of Functional Biomaterials, 13*(4), 214.
4. Jungst, T., Smolan, W. J., Schacht, K., & Groll, J. (2016). Impressão de órgãos: Bioinks, bioprinting e aplicações em engenharia de tecidos. *Macromolecular Bioscience, 16(1),* 1-13. https://doi.org/10.1002/mabi.201500220
5. Ovsianikov, A., Paul, S., & Chichkov, B. (2011). Bioimpressão assistida por laser: Impressão assistida por laser de bioinks. *Biofabrication, 3*(4), 042001.
6. Goranov, V., Shelyakova, T., De Santis, R., Haranava, Y., Makhaniok, A., Gloria, A., Tampieri, A., Russo, A., Kon, E., Marcacci, M., Ambrosio, L., & Dediu, V. A. (2020). Padronização 3D de células em andaimes magnéticos para engenharia de tecidos. *Relatórios científicos, 10*(1), 2289. https://doi.org/10.1038/s41598- 020-58738-5
7. Kryou, C., Leva, V., Chatzipetrou, M., & Zergioti, I. (2019). Bioimpressão para transplante de fígado. *Bioengenharia, 6*(4), 95.
8. Khan, S., Ali, S., & Bermak, A. (2019). Tecnologias de fabricação inteligentes para eletrônicos impressos. *Hyb rid Nanomaterials-Materiais Electrónicos Flexíveis, 18.*
9. Wu, C. A., Zhu, Y., & Woo, Y. J. (2023). Avanços na bioimpressão 3D:

Técnicas, aplicações e direções futuras para a engenharia de tecidos cardíacos. *Bioengenharia, 10(7),* 842.

10. Damiati, L. A., El-Yaagoubi, M., Damiati, S. A., Kodzius, R., Sefat, F., & Damiati, S. (2022). Papel dos polímeros em dispositivos microfluídicos. *Polymers, 14*(23), 5132.
11. Ganesh, S. S., Anushikaa, R., Swetha Victoria, V. S., Lavanya, K., Shanmugavadivu, A., & Selvamurugan, N. (2023). Avanços recentes em nanofibras de quitina e quitosana electrospun para aplicações de engenharia de tecido ósseo. *Jornal de Biomateriais Funcionais, 14(5),* 288.

Capítulo 3: Biotintas: Composição e Aplicações

3.1. Biotintas: Composição e aplicações

As tecnologias de bioimpressão percorreram um longo caminho nos últimos anos, com avanços significativos em técnicas como o jato de tinta, a extrusão e a bioimpressão assistida por laser. Cada método oferece vantagens e limitações distintas, tornando-os adequados para diferentes aplicações na engenharia de tecidos e na medicina regenerativa. O desenvolvimento de técnicas emergentes de bioimpressão promete expandir ainda mais as capacidades deste domínio, permitindo o fabrico de tecidos mais complexos e funcionais. À medida que estas tecnologias continuam a evoluir, a bioimpressão está preparada para desempenhar um papel cada vez mais importante na medicina personalizada, nos testes de medicamentos e na regeneração de órgãos.

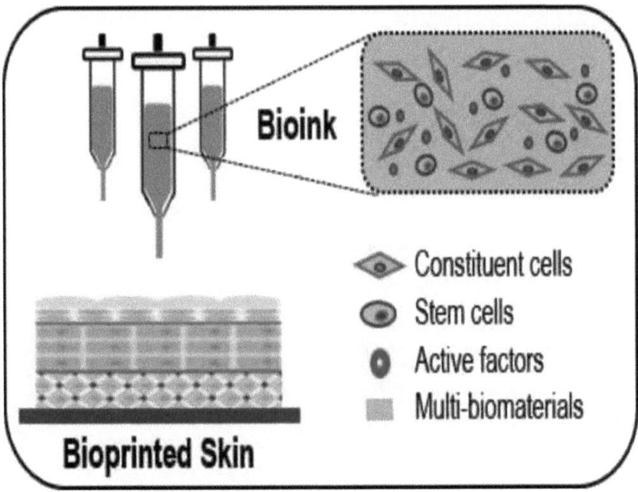

Figura 1. Bioinks (Xu et al., 2020).

As biotintas são a pedra angular da bioimpressão, servindo como materiais de base que permitem o fabrico de construções biológicas complexas e funcionais. Estes materiais especializados, frequentemente uma combinação de biomateriais, células e componentes bioactivos, são concebidos para satisfazer os requisitos complexos da bioimpressão 3D. A seleção e a composição das biotintas desempenham um papel fundamental para garantir a integridade estrutural, a biocompatibilidade e a capacidade de suportar funções celulares, tornando-as essenciais para aplicações bem sucedidas de engenharia de tecidos e medicina regenerativa (Groll et al., 2016).

As biotintas podem ser amplamente classificadas em categorias naturais e sintéticas, cada uma com vantagens e limitações distintas. As biotintas naturais, derivadas de fontes como o colagénio, o alginato e a gelatina, proporcionam uma excelente biocompatibilidade e imitam a matriz extracelular, promovendo a adesão e a proliferação celular. As biotintas sintéticas, por outro lado, oferecem um maior controlo sobre as propriedades mecânicas, as taxas de degradação e a capacidade de impressão, tornando-as adequadas para aplicações mais exigentes. O desenvolvimento de biotintas híbridas, que combinam os pontos fortes de materiais naturais e sintéticos, expandiu ainda mais o potencial das tecnologias de bioimpressão.

A preparação de biotintas envolve uma análise cuidadosa das propriedades reológicas, dos mecanismos de reticulação e da compatibilidade celular para garantir um desempenho ótimo durante e após a impressão. A adaptação das biotintas a aplicações específicas, como a regeneração de cartilagens, a engenharia de tecidos vasculares ou o ensaio de medicamentos, é fundamental para obter resultados funcionais. Os avanços nas formulações de biotintas não só estão a melhorar a capacidade de impressão e a resolução, como também estão a aumentar a capacidade de replicar as caraterísticas estruturais e biológicas dos tecidos nativos. Este capítulo explora a composição e as aplicações das biotintas, aprofundando as suas origens naturais e sintéticas, as suas propriedades e o processo de personalização para utilizações biomédicas específicas. Ao compreender estes aspectos, os investigadores podem aproveitar todo o potencial das biotintas para enfrentar os desafios actuais da bioimpressão, desde a criação de modelos de tecidos viáveis até ao desenvolvimento de soluções terapêuticas inovadoras.

3.2. Biotintas naturais e sintéticas

As biotintas podem ser classificadas em dois tipos: naturais e sintéticas, cada uma com as suas vantagens e limitações únicas.

3.2.1. Bioinks naturais

Os bioinks naturais são derivados de fontes biológicas e são frequentemente compostos por materiais que imitam a matriz extracelular (ECM). Os exemplos incluem o colagénio, a gelatina, a fibrina, o ácido hialurónico e o alginato. Estas biotintas oferecem uma excelente biocompatibilidade e promovem a adesão, migração e diferenciação das células .

- **Colagénio e Gelatina**: O colagénio, a proteína mais abundante na MEC, é amplamente utilizado devido às suas propriedades favoráveis às células. A gelatina, um derivado do colagénio, é sensível à temperatura e forma hidrogéis que podem suportar o crescimento celular.
- **Alginato**: Extraído de algas, o alginato é um bioink natural popular devido à sua facilidade de ligação cruzada com iões de cálcio, o que proporciona estabilidade estrutural. No entanto, a sua falta de sítios de ligação às células exige frequentemente modificações.
- **Fibrina**: Utilizada habitualmente na cicatrização de feridas e na engenharia de tecidos vasculares, a fibrina apoia a proliferação celular e a remodelação dos tecidos (Groll et al., 2016).

3.3. Biotintas sintéticas

As biotintas sintéticas são polímeros concebidos para ultrapassar as limitações das biotintas naturais, como a variabilidade dos lotes e a resistência mecânica limitada. Os exemplos incluem o polietilenoglicol (PEG), o ácido poliláctico-co-glicólico (PLGA) e o poliuretano.

- **PEG**: Os hidrogéis à base de PEG são amplamente utilizados devido às suas propriedades sintonizáveis e à sua compatibilidade com várias moléculas bioactivas.
- **PLGA**: Este polímero biodegradável é ideal para aplicações de suporte de carga, como a engenharia de ossos e cartilagens.
- **Poliuretano**: Conhecido pela sua elasticidade e tenacidade, o poliuretano é utilizado em aplicações que requerem propriedades mecânicas dinâmicas (Murphy et al., 2013).

A combinação de biotintas naturais e sintéticas através de abordagens híbridas pode potenciar os pontos fortes de ambas, criando biotintas que oferecem funcionalidade biológica e robustez mecânica.

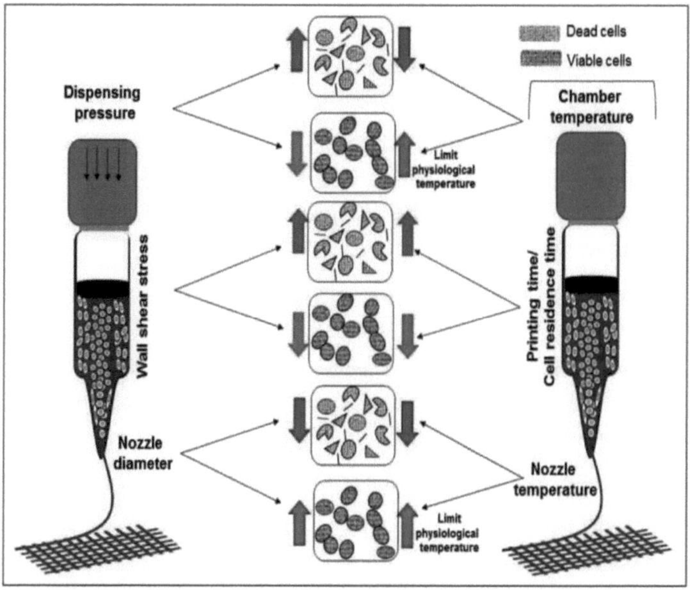

Figura 2. Impacto de diferentes parâmetros de impressão na viabilidade das células. A tensão de cisalhamento resultante do aumento da pressão de distribuição reduziria a viabilidade celular; a tensão de cisalhamento das paredes do bocal e do cartucho reduziria a viabilidade celular e depende da pressão de distribuição, do diâmetro do bocal e da concentração do bioink; uma diminuição do diâmetro do bocal reduziria a viabilidade celular; um aumento da temperatura da câmara aumentaria a viabilidade celular até um limiar de 37 °C e, no caso das biotintas termicamente sensíveis, a viabilidade diminuiria com a diminuição da temperatura; um aumento do tempo de impressão reduziria a viabilidade celular porque as células estariam expostas ao ambiente de impressão durante um período de tempo mais longo; e uma diminuição da temperatura do bocal diminuiria a viabilidade celular no caso das biotintas termicamente sensíveis (Panwar et al., 2016).

3.4. Propriedades e preparação de biotintas

O sucesso de um bioink na bioimpressão depende de um conjunto de propriedades críticas:

1. **Biocompatibilidade**: As biotintas devem suportar a viabilidade e a função das células sem provocar respostas imunitárias.
2. **Capacidade de impressão**: O bioink deve apresentar propriedades reológicas, tais como diluição por cisalhamento e viscoelasticidade, para permitir uma extrusão suave ou a formação de gotículas durante a impressão.
3. **Integridade estrutural**: Após a impressão, as biotintas devem manter a forma e a resistência mecânica da construção.
4. **Degradabilidade**: A taxa de degradação do bioink deve corresponder à taxa de regeneração do tecido para evitar o colapso prematuro ou a persistência prolongada.

A preparação de Bioinks envolve várias etapas:

- **Seleção do material**: Com base nas propriedades mecânicas e biológicas pretendidas.
- **Encapsulamento de células**: As células são misturadas no bioink em condições estéreis, garantindo uma distribuição uniforme.
- **Esterilização**: As bioinks são esterilizadas para evitar a contaminação.
- **Reticulação**: São utilizados métodos químicos, físicos ou enzimáticos para estabilizar a construção impressa.

A otimização destas propriedades é fundamental para obter tecidos bioimpressos funcionais. As formulações avançadas de bioink incluem agora moléculas bioactivas, como factores de crescimento e nanopartículas, para melhorar o comportamento celular e o desenvolvimento dos tecidos.

3.5. Desenvolvimento de Bioink para aplicações específicas

As biotintas são frequentemente adaptadas a aplicações específicas, uma vez que os requisitos dos tecidos vasculares, neurais ou músculo-esqueléticos variam significativamente.

1. **Tecidos vasculares**

As biotintas para aplicações vasculares requerem uma elevada capacidade de impressão e a capacidade de suportar a adesão e migração das células endoteliais. As biotintas à base de fibrina são normalmente utilizadas pelas suas propriedades de coagulação, enquanto as biotintas à base de PEG com VEGF (fator de crescimento endotelial vascular) são concebidas para promover a angiogénese (Mandrycky et al., 2016).

2. **Tecidos neurais**

As biotintas neurais visam reproduzir a arquitetura intrincada do sistema nervoso. O ácido hialurónico e o colagénio são frequentemente utilizados devido à sua capacidade de apoiar o crescimento e a diferenciação axonal. As biotintas são frequentemente complementadas com factores neurotróficos para melhorar a recuperação das funções neurais.

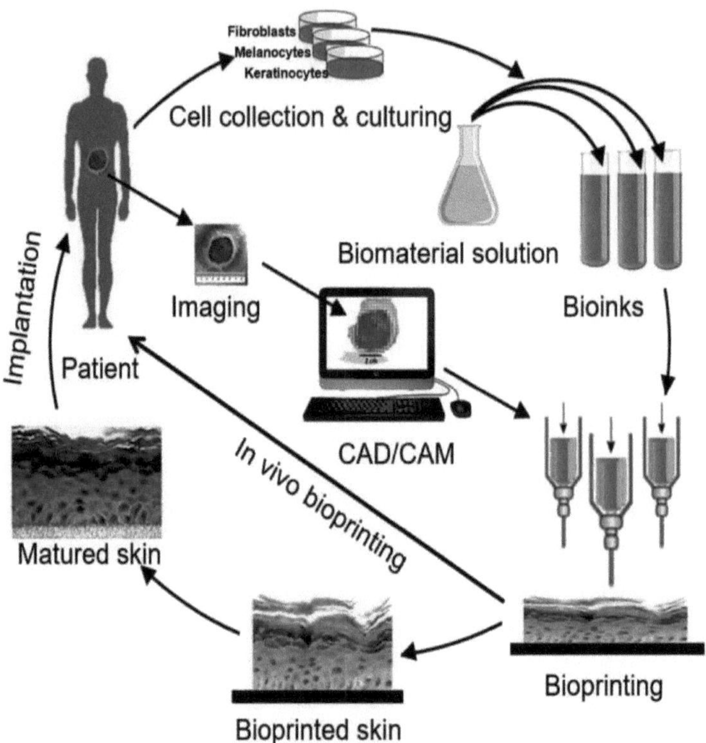

Figura 3. Os fundamentos da bioimpressão 3D da pele. As células do doente, incluindo fibroblastos, melanócitos e queratinócitos, são recolhidas e cultivadas num sistema de cultura de células. As células são combinadas com um biomaterial adequado e o bioink resultante é então fornecido ao aparelho de bioimpressão. De seguida, utilizando técnicas CAD/CAM, a pele é fabricada utilizando a tecnologia de bioimpressão 3D adequada com base no padrão 3D que foi retirado da ferida. A fim de obter pele madura para transplante, a pele impressa pode ser imediatamente aplicada no local da ferida ou cultivada nas circunstâncias corretas (Xu et al., 2020).

3. **Tecidos músculo-esqueléticos**

Para a engenharia do osso e da cartilagem, as biotintas têm de ser mecanicamente robustas e osteoindutoras. As biotintas que incorporam nanopartículas de hidroxiapatite ou fosfato de cálcio são comuns para aplicações ósseas. Para a cartilagem, são utilizados compósitos de alginato-gelatina devido às suas propriedades de imitação da MEC.

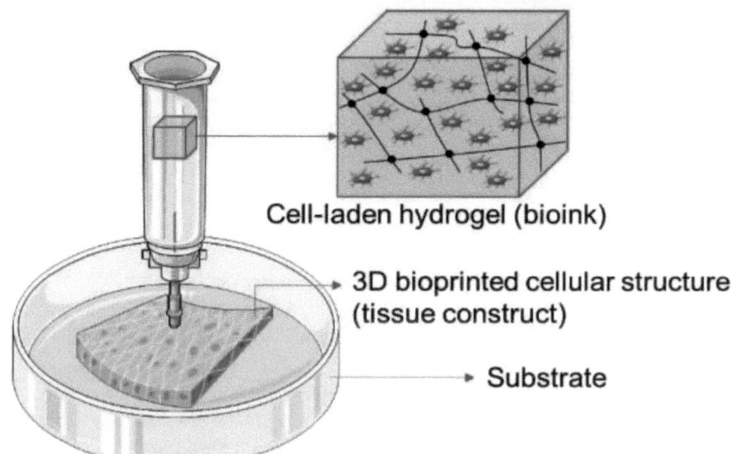

Figura 4. Diagrama do procedimento de bioimpressão 3D, que produz estruturas celulares 3D para aplicações de engenharia de tecidos através da deposição de hidrogéis (também conhecidos como bioinks) carregados com células num substrato (Fatimi., 2021).

4. **Pele e cicatrização de feridas**

As biotintas para a pele incorporam frequentemente fibroblastos e queratinócitos para recriar as camadas dérmica e epidérmica. As biotintas à base de colagénio e fibrina são utilizadas para aumentar a proliferação celular e o encerramento de feridas. Estão a ser desenvolvidas biotintas emergentes com propriedades antimicrobianas para melhorar os resultados no tratamento de feridas.

5. **Protótipos de órgãos**

A criação de protótipos de órgãos, tais como tecidos hepáticos ou renais, requer biotintas que possam suportar múltiplos tipos de células e imitar as caraterísticas mecânicas e bioquímicas do órgão. As biotintas híbridas que combinam materiais naturais e sintéticos são cada vez mais utilizadas para estas construções complexas.

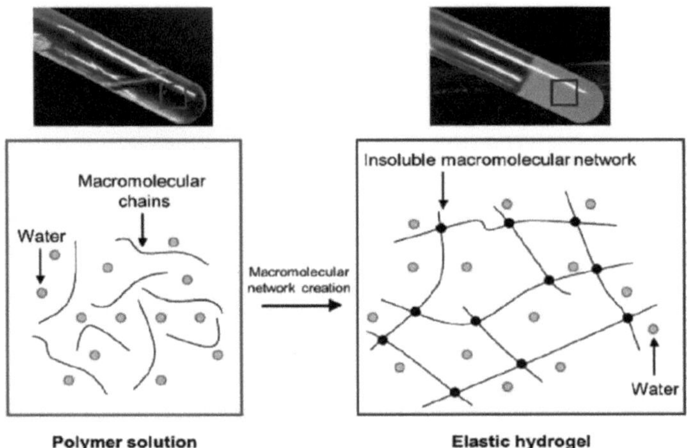

Figura 5. Diagrama da reticulação do hidrogel, que cria uma rede de macromoléculas insolúveis no fluido circundante (Fatimi., 2021).

3.6. Conclusão

As biotintas são a força vital da bioimpressão, determinando o sucesso do fabrico de tecidos e a sua tradução em aplicações clínicas. A diversidade na composição das biotintas, desde as formulações naturais às sintéticas e híbridas, permite soluções adaptadas para enfrentar desafios biomédicos específicos. Os avanços no desenvolvimento de biotintas, impulsionados por uma compreensão mais profunda das interações célula-material, continuarão a alargar os limites do que é possível alcançar na engenharia de tecidos e na medicina regenerativa. À medida que a bioimpressão evolui, o mesmo acontece com a sofisticação e versatilidade dos biotintas, abrindo caminho para avanços na medicina personalizada e no transplante de órgãos.

A composição e as aplicações das biotintas são fundamentais para o avanço da bioimpressão, fazendo a ponte entre a ciência dos materiais e a engenharia de tecidos. As biotintas naturais e sintéticas oferecem vantagens únicas, com as biotintas naturais a proporcionarem biocompatibilidade e bioatividade, enquanto as biotintas sintéticas oferecem propriedades mecânicas ajustáveis e estabilidade estrutural. A capacidade de combinar estes materiais em biotintas híbridas aumenta ainda mais a versatilidade e funcionalidade das construções bioimpressas.

O desenvolvimento de biotintas adaptadas a aplicações específicas permitiu um progresso significativo em domínios como a regeneração de tecidos, a modelação de doenças e o ensaio de medicamentos. Propriedades como a capacidade de impressão, a viabilidade celular e a cinética de degradação são meticulosamente concebidas para satisfazer as exigências de sistemas biológicos complexos. Esta personalização garante que as biotintas não são apenas compatíveis com as tecnologias de bioimpressão, mas também capazes de imitar o ambiente nativo dos tecidos que pretendem replicar.

À medida que o campo progride, a investigação contínua sobre a composição dos biotintas e os requisitos específicos de cada aplicação irá abrir novas possibilidades para a bioimpressão. Os avanços na formulação de biotintas, incluindo materiais inteligentes e sensíveis a estímulos, irão alargar ainda mais o âmbito das aplicações, desde a medicina personalizada ao transplante de órgãos. Ao enfrentar os desafios actuais e ao alargar os limites da inovação dos biotintas, a bioimpressão continuará a transformar a ciência biomédica e os cuidados de saúde.

Referências

1. Groll, J., Burdick, J. A., Cho, D. W., Derby, B., Gelinsky, M., Heilshorn, S. C., ... & Woodfield, T. B. (2016). Uma definição de bioinks e sua distinção de tintas biomateriais. *Biofabrication, 8*(1), 013001. https://doi.org/10.1088/1758-5090/8/1/013001
2. Panwar, A., & Tan, L. P. (2016). Status atual de bioinks para bioimpressão 3D baseada em microextrusão. *Molecules, 21(6),* 685.
3. Xu, J., Zheng, S., Hu, X., Li, L., Li, W., Parungao, R., Wang, Y., Nie, Y., Liu, T., & Song, K. (2020). Avanços na pesquisa de Bioinks baseados em colágeno natural, polissacarídeo e seus derivados para bioimpressão 3D de pele. *Polímeros, 12*(6), 123
4. Fatimi, A. (2021). Bioinks à base de hidrogel para bioimpressão tridimensional: Análise de patentes. *Anais de Materiais, 7*(1), 3.
5. Mandrycky, C., Wang, Z., Kim, K., & Kim, D. H. (2016). Bioimpressão 3D para engenharia de tecidos complexos. *Biotechnology Advances,*

34(4), 422-434. https://doi.org/10.1016Zj.biotechadv.2015.12.011

6. Murphy, S. V., & Atala, A. (2013). Bioimpressão 3D de tecidos e órgãos. *Nature Biotechnology, 32*(8), 773-785. https://doi.org/10.1038/nbt.295

Capítulo 4 : Suportes e construções bioimpressos

4.1. Suportes e construções bioimpressos

Os suportes e construções bioimpressos desempenham um papel central na engenharia de tecidos, fornecendo o quadro estrutural necessário para a fixação, crescimento e diferenciação das células (Groll et al., 2016). Estes suportes imitam a matriz extracelular (ECM), orientando a formação de tecidos e órgãos funcionais. Os suportes e construções bioimpressos representam um componente vital da engenharia de tecidos e da medicina regenerativa, servindo como estruturas que suportam a fixação, proliferação e diferenciação das células. Estes suportes imitam a matriz extracelular (ECM) dos tecidos naturais, proporcionando o ambiente físico e bioquímico necessário para o desenvolvimento dos tecidos. Com os avanços nas tecnologias de bioimpressão 3D, os andaimes podem agora ser fabricados com uma precisão sem paralelo, permitindo a criação de geometrias complexas e desenhos personalizados adaptados a aplicações biomédicas específicas (Murphy & Atala, 2014).

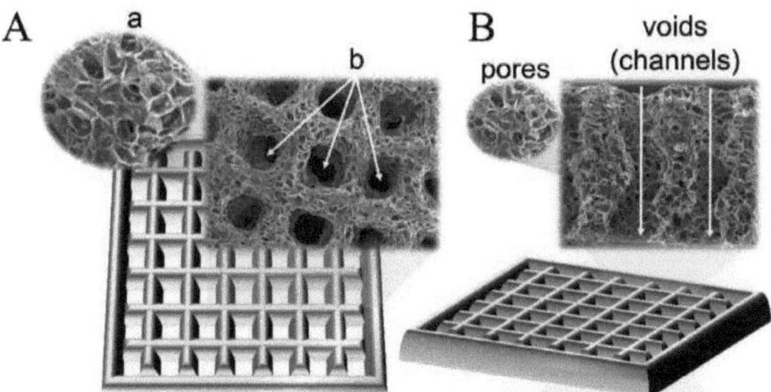

Figura 1. (A) Diagrama de um andaime retangular com duas caraterísticas morfológicas: (b) orifícios transversais planeados (indicados por setas brancas) e (a) porosidade interligada. (B) propuseram uma nomenclatura que permite a diferenciação entre os dois tipos de antra: "vazios" (um substituto de "canais") para os vazios transversais planeados e "poros" para a porosidade interligada (Trifonov et al., 2024).

A conceção de estruturas bioimpressas é um passo fundamental para garantir a sua funcionalidade e eficácia . As principais considerações incluem a porosidade, a resistência mecânica e a biocompatibilidade, que influenciam a capacidade do andaime para suportar a formação e integração de tecidos. Utilizando técnicas avançadas de bioimpressão, os investigadores podem criar suportes com micro-arquitecturas controladas que promovem a difusão de nutrientes, a remoção de resíduos e a vascularização - factores essenciais para a regeneração bem sucedida de tecidos como o osso, a cartilagem e a pele.

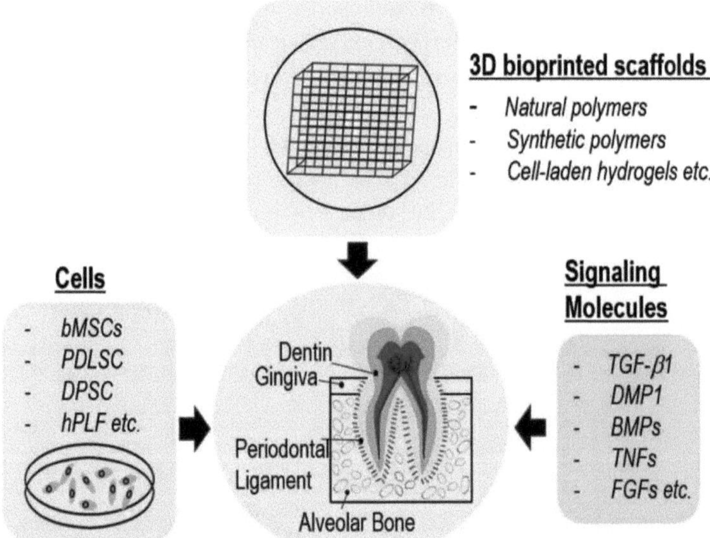

Figura 2. Uma ilustração que mostra o método de engenharia de tecidos utilizado para regenerar os tecidos periodontais utilizando suportes bioimpressos em 3D, várias células estaminais e moléculas de sinalização (Kim et al., 2023).

Os recentes avanços na ciência dos materiais aumentaram ainda mais o potencial dos suportes bioimpressos. Estão a ser utilizados biomateriais naturais e sintéticos, bem como combinações híbridas, para criar suportes com propriedades mecânicas e biológicas específicas. Estas inovações permitem o desenvolvimento de construções que não só reproduzem a estrutura física dos tecidos, como também estimulam as funções celulares e a remodelação dos tecidos.

Este capítulo aprofunda os princípios da conceção de andaimes bioimpressos, realçando considerações estruturais e mecânicas. Também explora os últimos avanços em andaimes impressos em 3D, destacando as suas aplicações na engenharia de tecidos e na medicina regenerativa. Ao compreenderem as complexidades da conceção e do fabrico de andaimes, os investigadores podem alargar os limites do que é possível alcançar na bioimpressão, abrindo caminho a soluções inovadoras para alguns dos desafios mais prementes nos cuidados de saúde.

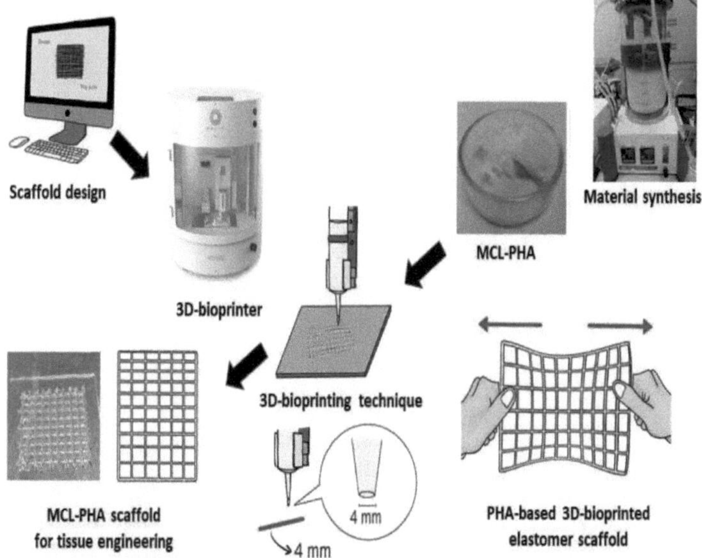

Figura 3. Fabrico de andaimes utilizando a impressão 3D (Panaksri et al., 2021).

4.2. Conceção de andaimes para engenharia de tecidos

A conceção de estruturas de suporte é orientada pela necessidade de reproduzir as caraterísticas biológicas e físicas do tecido nativo que se pretende regenerar. Os factores-chave na conceção de andaimes incluem a porosidade, a biocompatibilidade e a biodegradabilidade.

- **Porosidade e interconectividade**
  - **Porosidade**: A elevada porosidade aumenta o transporte de nutrientes e de oxigénio, assegurando a sobrevivência e a proliferação das células.
  - **Interconectividade**: Os poros interligados facilitam a migração celular e a vascularização, cruciais para a regeneração funcional dos tecidos (Chen et al., 2020).

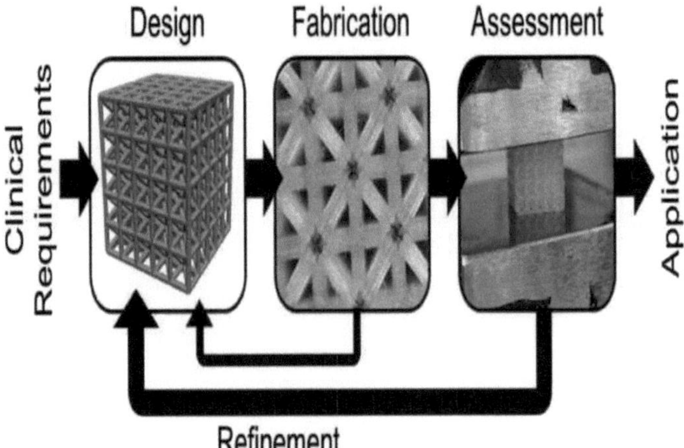

Figura 4. Os andaimes de tecido impressos em 3D são melhorados através de um processo de design iterativo e integrado (Egan., 2018).

- **Biocompatibilidade**
  - O andaime não deve provocar uma resposta imunitária ou toxicidade, assegurando a compatibilidade com o tecido hospedeiro. Isto é frequentemente conseguido utilizando biomateriais como o colagénio, a gelatina ou polímeros sintéticos como o ácido poliláctico (PLA).
- **Biodegradabilidade**
  - Os andaimes devem degradar-se a um ritmo compatível com a

regeneração dos tecidos, proporcionando um suporte temporário e evitando interferir com a formação de novos tecidos. Os materiais biodegradáveis comuns incluem o ácido poliglicólico (PGA) e o ácido poliláctico-co-glicólico (PLGA).

- **Biofuncionalização**
  - A funcionalização com moléculas bioactivas, tais como factores de crescimento ou péptidos, melhora as respostas celulares, promovendo a formação de tecido .

A conceção de andaimes requer um equilíbrio entre as propriedades biológicas e mecânicas, garantindo que a construção é simultaneamente favorável às células e estruturalmente estável.

4.3. Considerações estruturais e mecânicas

As propriedades estruturais e mecânicas dos suportes influenciam significativamente o seu desempenho em aplicações de engenharia de tecidos.

- **Resistência mecânica**
  - Os andaimes devem fornecer suporte mecânico para suportar forças fisiológicas, mantendo a sua forma. Por exemplo, os andaimes ósseos requerem uma elevada resistência à compressão, enquanto os andaimes cutâneos dão prioridade à elasticidade.
- **Módulo de elasticidade**
  - O módulo de elasticidade de um andaime deve corresponder ao tecido nativo para assegurar a compatibilidade mecânica. Por exemplo, os tecidos moles, como a cartilagem, requerem estruturas com um módulo mais baixo, enquanto os tecidos mais duros, como o osso, necessitam de valores mais elevados (Hollister, 2005).

- **Deformação e resistência à fadiga**
  - Os andaimes utilizados em ambientes dinâmicos, como os sistemas cardiovasculares ou músculo-esqueléticos, devem resistir à deformação e à fadiga ao longo do tempo.
- **Anisotropia**
  - Muitos tecidos, como os músculos e os tendões, apresentam propriedades anisotrópicas, em que as suas caraterísticas mecânicas variam com a direção. Os andaimes que imitam esta anisotropia são mais adequados para estas aplicações.
- **Complexidade arquitetónica**
  - Os avanços na impressão 3D permitem a criação de andaimes com arquitecturas complexas que imitam os tecidos nativos. Os gradientes de porosidade, rigidez ou composição podem ser projectados para reproduzir propriedades específicas dos tecidos.

4.4. Avanços em andaimes impressos em 3D

Os suportes e construções bioimpressos são fundamentais para colmatar a lacuna entre a engenharia de tecidos tradicional e a medicina regenerativa. A sua conceção, baseada em considerações biológicas e mecânicas, tem um impacto profundo no sucesso da regeneração de tecidos. Os avanços na impressão 3D expandiram as possibilidades de fabrico de andaimes, permitindo a criação de construções com uma precisão e funcionalidade sem precedentes.

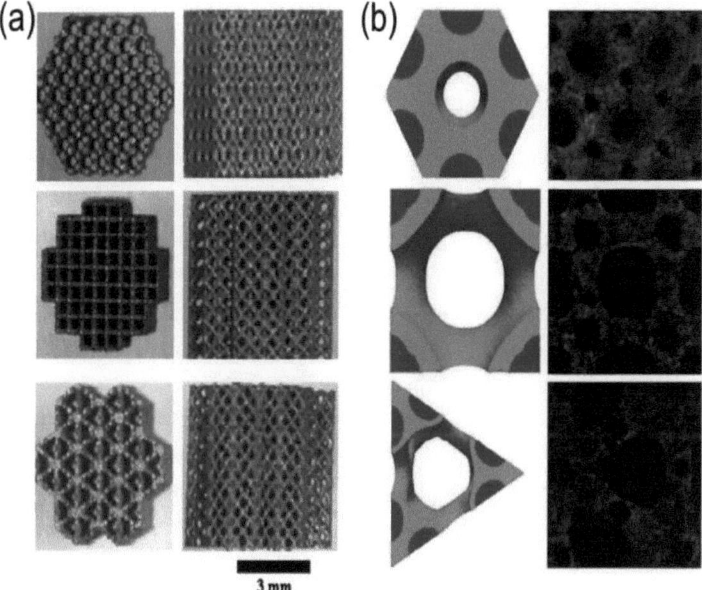

Figura 5. Scaffolds feitos de titânio com diferentes geometrias de poros (a). (b) Após 14 dias, crescimento in vitro e simulação de crescimento de tecido (Guyot et al., 2014).

À medida que as tecnologias de bioimpressão continuam a evoluir, o potencial de criação de suportes biofuncionais específicos para cada doente promete transformar os cuidados de saúde e aproximar-nos do objetivo de criar tecidos e órgãos totalmente funcionais. Os avanços recentes incluem:

- **Impressão multi-material**
  - A combinação de diferentes biomateriais numa única construção permite gradientes de propriedades, como a rigidez ou a bioatividade, replicando melhor os tecidos nativos (Gao et al., 2021).
- **Suportes nanoestruturados**

o A incorporação de caraterísticas à escala nanométrica melhora a fixação das células e a produção de ECM. Técnicas como a electrospinning e a bioimpressão 3D podem produzir nanoestruturas que imitam de perto a MEC nativa.

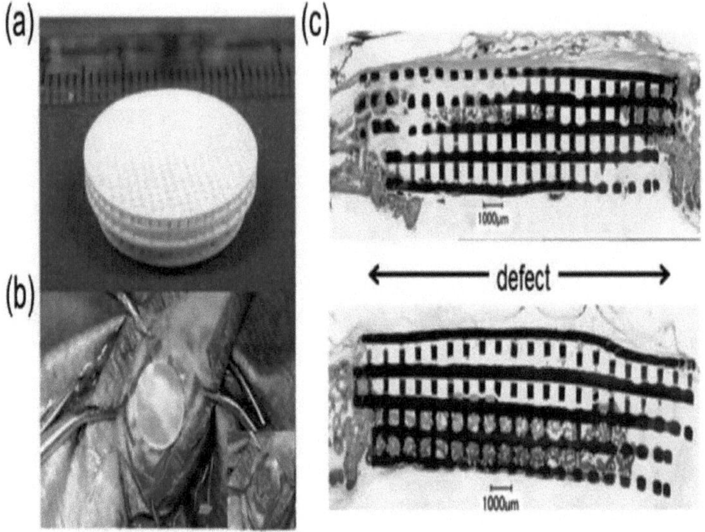

Figura 6. Após dezasseis semanas, a reparação de um defeito ósseo de tamanho crítico foi avaliada utilizando (a) uma estrutura de fosfato tricálcico (b) implantada num osso de coelho e (c) uma secção histológica pós-operatória. Na imagem histológica, a estrutura de suporte aparece a preto acinzentado e o osso aparece a roxo; os orifícios e a estrutura de rede danificada revelam uma falha (Chen et al., 2018).

- **Bioimpressão 4D**
  - Esta tecnologia emergente envolve a impressão de andaimes que podem mudar de forma ou de propriedades ao longo do tempo em resposta a estímulos externos, como a temperatura ou o pH. Isto é particularmente útil em ambientes dinâmicos de tecidos.
- **Andaimes vascularizados**
  - A incorporação de redes vasculares nos suportes aborda um desafio significativo na engenharia de tecidos: assegurar o

fornecimento adequado de oxigénio e nutrientes às células. As técnicas de bioimpressão, como a extrusão coaxial, estão a ser cada vez mais utilizadas para criar construções vascularizadas.

- **Bioimpressão in-situ**
  - A bioimpressão in situ deposita diretamente andaimes e células em tecidos danificados no corpo. Esta técnica está a ser explorada para a cicatrização de feridas e reparação de cartilagens.
- **Andaimes bioactivos**
  - Os andaimes funcionalizados com factores de crescimento, agentes antimicrobianos ou nanopartículas promovem a regeneração dos tecidos ao mesmo tempo que previnem a infeção.
- **Andaimes específicos para cada doente**
  - Os avanços na imagiologia e modelação permitem a conceção de andaimes adaptados a cada doente. Estes andaimes são particularmente valiosos em ortopedia e cirurgia maxilofacial.

4.5. Conclusão

Os suportes e construções bioimpressos revolucionaram o campo da engenharia de tecidos, fornecendo estruturas precisas e personalizáveis que suportam o crescimento celular e o desenvolvimento de tecidos. Através de uma conceção e fabrico cuidadosos, estes suportes imitam as propriedades estruturais e funcionais da matriz extracelular, assegurando um ambiente propício à proliferação, diferenciação e regeneração de tecidos celulares.

A integração de materiais avançados e de técnicas inovadoras de bioimpressão permitiu a criação de suportes com propriedades mecânicas, porosidade e atividade biológica adaptadas. Estes avanços melhoraram significativamente a capacidade de abordar desafios complexos da engenharia de tecidos, como a vascularização e a integração com tecidos nativos.

Apesar dos progressos notáveis, subsistem desafios, incluindo a escalabilidade, o custo e a obtenção da complexidade funcional dos tecidos nativos. Para ultrapassar estes obstáculos, será necessária uma colaboração interdisciplinar e uma inovação contínua nas tecnologias de bioimpressão, biomateriais e modelação computacional.

À medida que o campo evolui, os suportes e construções bioimpressos desempenharão um papel cada vez mais importante no avanço da medicina regenerativa, oferecendo novas possibilidades de reparação de tecidos danificados, desenvolvimento de substitutos de órgãos e melhoria dos resultados dos doentes. O potencial desta tecnologia transformadora é vasto, abrindo caminho para avanços tanto na investigação como nas aplicações clínicas.

Referências

1. Groll, J., Boland, T., Blunk, T., Burdick, J. A., Cho, D. W., Dalton, P. D., ... & Malda, J. (2016). Biofabricação: reavaliando a definição de um campo em evolução. *Biofabrication, S*(1), 013001.
2. Murphy, S. V., & Atala, A. (2014). Bioimpressão 3D de tecidos e órgãos. *Nature Biotechnology, 32(8),* 773-785. https://doi.org/10.1038/nbt.2958
3. Trifonov, A., Shehzad, A., Mukasheva, F., Moazzam, M., & Akilbekova, D. (2024). Raciocínio sobre a terminologia de poros em bioimpressão 3D. *Gels, 10(2),* 153.
4. Kim, S., Hwangbo, H., Chae, S., & Lee, H. (2023). Biopolímeros e sua aplicação em processos de bioimpressão para engenharia de tecidos dentários. *Pharmaceutics, 15*(8), 2118.
5. Panaksri, A., & Tanadchangsaeng, N. (2021). Avaliação da fabricação de andaimes de impressão 3D em terpolímero de polihidroxialcanoato de comprimento de cadeia média biossintético como tinta biomaterial. *Polímeros, 13*(14), 2222.
6. Egan, P. F. (2018). Abordagens de design integrado para andaimes de tecidos impressos em 3D: Review and Outlook. Materiais, 12(15), 2355. https://doi.org/10.3390/ma12152355
7. Chen, G., Dong, C., Yang, L., & Lv, Y. (2020). Scaffolds 3D com

rigidez diferente, mas a mesma microestrutura para engenharia de tecido ósseo. *Ciência e Engenharia de Materiais: C, 106,* 110186. https://doi.Org/10.1016/j.msec.2019.110186

8. Chen, T. H., Ghayor, C., Siegenthaler, B., Schuler, F., Rüegg, J., De Wild, M., & Weber, F. E. (2018). Microarquitetura de rede para engenharia de tecido ósseo de fosfato de cálcio em comparação com titânio. *Engenharia de Tecidos Parte A, 24*(19-20), 1554-1561.
9. Guyot, Y., Papantoniou, I., Chai, Y. C., Van Bael, S., Schrooten, J., & Geris,

L. (2014). Um modelo computacional para o crescimento de células/ECM em superfícies 3D usando o método level set: um estudo de caso de engenharia de tecido ósseo. *Biomecânica e modelação em mecanobiologia, 13*(6), 1361-1371. https://doi.org/10.1007/s10237-014-0577-5

10. Gao, T., Gillispie, G. J., Copus, J. S., & Snyder, T. A. (2021). Bioimpressão 3D multimaterial e multifuncional. *Materiais avançados, 33*(7), 2002085. https://doi.org/10.1002/adma.202002085
11. Hollister, S. J. (2005). Conceção de andaimes porosos para a engenharia de tecidos. *Nature Materials, 4(7},* 518-524. https://doi.org/10.1038/nmat1421

Capítulo 5 : Bioimpressão em engenharia de tecidos

Bioimpressão em Engenharia de Tecidos

A bioimpressão surgiu como uma tecnologia transformadora na engenharia de tecidos, permitindo o fabrico preciso de estruturas biológicas que imitam de perto a complexidade dos tecidos nativos. Ao integrar tecnologias de impressão 3D com células vivas e biomateriais, a bioimpressão oferece um controlo sem paralelo sobre a disposição espacial das células, biomoléculas e materiais de suporte. Esta capacidade revolucionou a forma como os investigadores abordam a reparação de tecidos, a regeneração e a restauração funcional, abrindo caminho para avanços na medicina personalizada e no transplante de órgãos (Murphy & Atala, 2014).

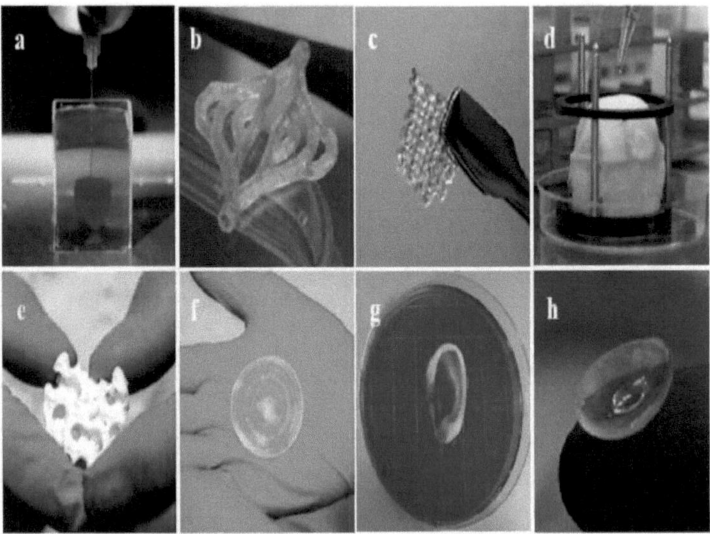

Figura 1. Alguns exemplos de tecidos bioimpressos em 3D são o coração, os vasos sanguíneos, as células do ovário, a bexiga, o osso, a pele, a orelha e a córnea (Xie et al., 2020).

Na engenharia de tecidos, o principal objetivo é criar construções que possam substituir ou restaurar tecidos danificados, mantendo ou melhorando a sua função biológica.

A bioimpressão desempenha um papel fundamental na consecução deste objetivo, fornecendo soluções personalizadas adaptadas aos requisitos específicos de diferentes tipos de tecidos, tais como pele, osso, cartilagem e sistemas vasculares. A precisão e a versatilidade da bioimpressão permitem a criação de estruturas complexas e multicamadas com porosidade, propriedades mecânicas e microambientes celulares controlados.

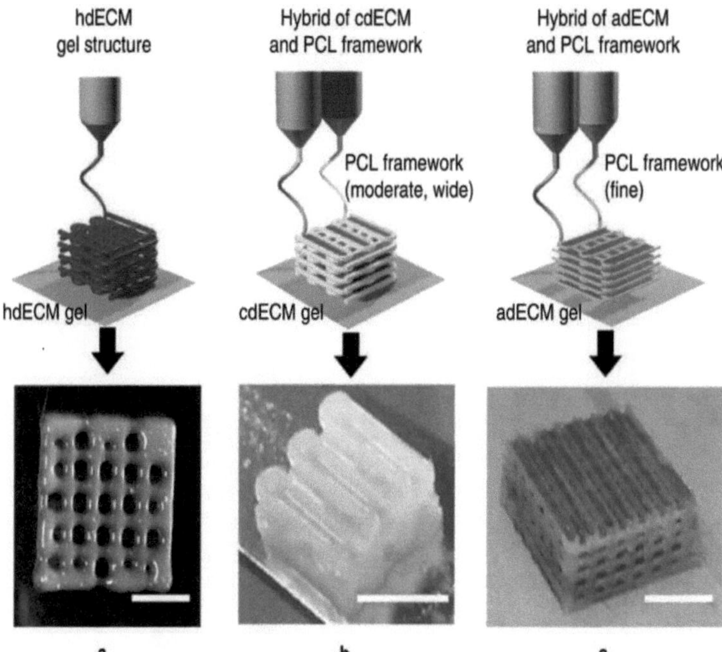

Figura 2. (a) Tecido cardíaco que foi bioimpresso utilizando apenas o dECM do coração (hdECM). (b) Estrutura de PCL e dECM de cartilagem (cdECM) impressos em tecido de cartilagem. (c) Tecido adiposo impresso com estrutura de PCL e dECM adiposo (adECM) (barra de escala, 5 mm) (Pati et al., 2014).

A aplicação da bioimpressão na engenharia de tecidos abrange uma vasta gama de áreas, incluindo enxertos de pele para vítimas de queimaduras, regeneração de ossos e cartilagens e o desenvolvimento de tecidos cardíacos vascularizados. Cada uma destas aplicações requer um conhecimento profundo das caraterísticas biológicas e mecânicas do tecido alvo, bem como a seleção de biomateriais e biotintas adequados para apoiar a viabilidade e a função das células. Os avanços nas tecnologias de bioimpressão aumentaram ainda mais o potencial de integração de células, factores de crescimento e moléculas de sinalização em construções artificiais, promovendo o desenvolvimento e a integração natural dos tecidos.

Este capítulo explora a integração da bioimpressão na engenharia de tecidos, centrando-se nas suas aplicações na pele, osso, cartilagem e sistemas vasculares. Destaca as inovações tecnológicas e as abordagens interdisciplinares que estão a impulsionar o progresso neste campo, oferecendo perspectivas sobre a forma como a bioimpressão está a moldar o futuro da medicina regenerativa e da investigação biomédica.

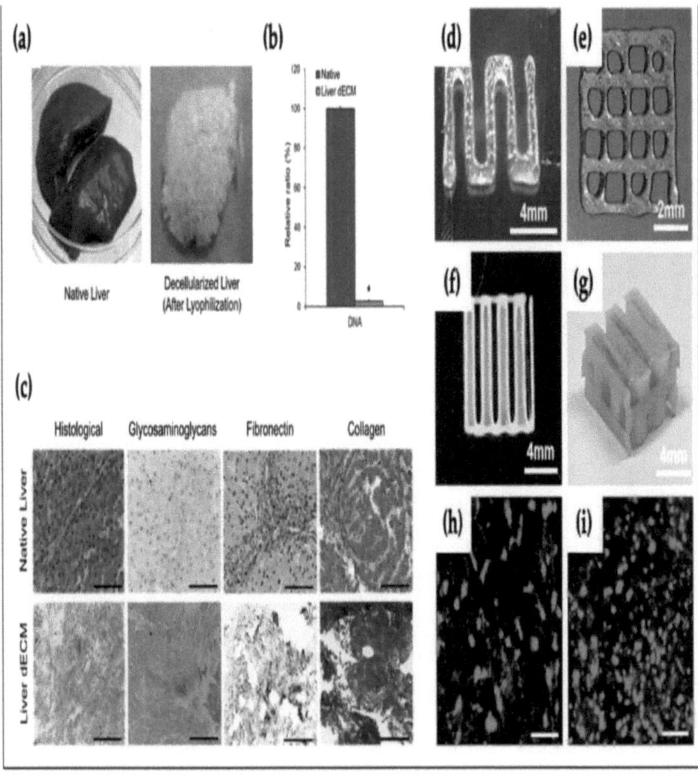

Figura 3. Fabrico de uma bio-tinta específica do fígado para a engenharia de tecidos do fígado. As caraterísticas da bio-tinta específica para o fígado são avaliadas em comparação com o fígado nativo (*, p 0,005; barra de escala 100 um). (d) padrão de linha única e (e) padrões 2D ; (f) padrões 2D baseados em polímeros híbridos e (g) estruturas híbridas 3D; (h) imagens de células estaminais mesenquimais (MSC) vivas/mortas; e (i) linha celular HepG2 (Lee et al., 2017).

5.1. Engenharia de tecidos da pele

A engenharia de tecidos da pele responde à procura crítica de enxertos de pele funcionais no tratamento de queimaduras, cicatrização de feridas e cirurgias reconstrutivas. A bioimpressão fornece uma plataforma para a criação de construções de pele que imitam de perto os atributos estruturais e funcionais da pele nativa.

- **Estrutura da pele**
    - A pele é composta por duas camadas primárias: a epiderme (camada exterior) e a derme (camada interior). Um enxerto de pele com bioimpressão eficaz replica esta estrutura em camadas.
- **Avanços na bioimpressão para a pele**
    - A bioimpressão permite a deposição precisa de queratinócitos e fibroblastos para formar as camadas epidérmica e dérmica, respetivamente. As biotintas que incorporam hidrogéis de colagénio ou de gelatina imitam a matriz extracelular (Ng et al., 2021).
    - A integração dos melanócitos para a pigmentação e das células endoteliais para a vascularização aumenta a funcionalidade.
- **Aplicações**
    - **Cicatrização de feridas**: Os enxertos de pele bioimpressos promovem uma cicatrização mais rápida e reduzem as cicatrizes.
    - **Tratamento de queimaduras**: Enxertos personalizados derivados de células do paciente minimizam a rejeição

imunitária.

- **Ensaios de cosméticos**: Os modelos de pele bioimpressos são cada vez mais utilizados como alternativas aos ensaios em animais para produtos cosméticos.

- **Desafios**
  - Conseguir uma vascularização adequada e uma integração a longo prazo com o tecido hospedeiro continua a ser um desafio.
  - A replicação de apêndices cutâneos, tais como glândulas sudoríparas e folículos pilosos, requer mais investigação.

5.2. Engenharia de tecidos ósseos e de cartilagem

A regeneração de tecidos ósseos e cartilagíneos apresenta desafios únicos devido às suas propriedades mecânicas distintas e complexidades estruturais. A bioimpressão oferece soluções promissoras para o fabrico de construções adaptadas aos requisitos funcionais destes tecidos.

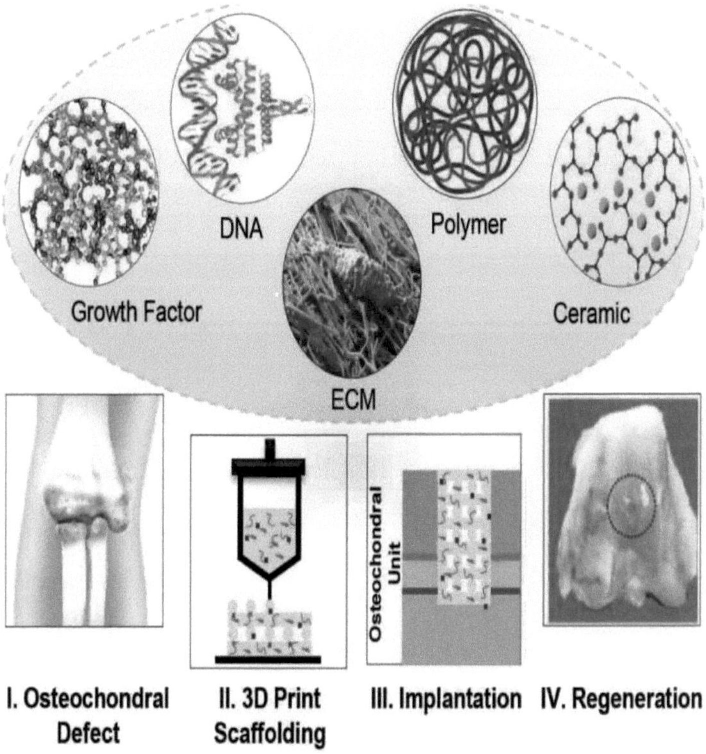

Figura 4. Tintas bioactivas para a regeneração do tecido osteocondral (Bakhtiary et al., 2021).

- **Engenharia de tecidos ósseos**
  - A bioimpressão permite a criação de estruturas ósseas específicas para cada doente, utilizando biotintas que combinam células osteogénicas e materiais como o fosfato de cálcio ou a hidroxiapatite.
  - Os avanços na bioimpressão 3D permitem a criação de estruturas hierárquicas com propriedades mecânicas que imitam o osso natural (Cui et al., 2020).
  - Os factores de crescimento, como as proteínas morfogenéticas

ósseas (BMPs), são incorporados nas biotintas para promover a osteogénese.

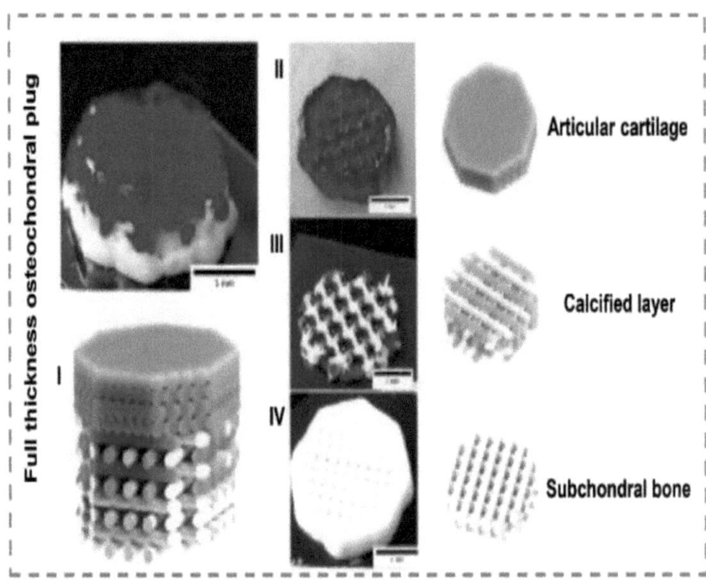

Figura 5: (I) Scaffold bioimpresso em 3D com várias camadas para defeitos osteocondrais. Camada inicial à base de tinta de alginato para regeneração da cartilagem articular (II). (III) Alg e CPC combinados na segunda camada para estimular a calcificação. (IV) Terceira camada de CPC pura para restauração do osso subcondral (Kilian et al., 2020).

- **Engenharia de tecidos de cartilagem**
  - A cartilagem não tem vascularização, o que torna a bioimpressão uma abordagem adequada para recriar a sua estrutura avascular.
  - Os hidrogéis, como o alginato ou o ácido hialurónico, servem de bio-ligantes para suportar os condrócitos ou as células estaminais mesenquimais.
  - As técnicas emergentes centram-se no fabrico de estruturas de cartilagem zonal, reproduzindo a composição dependente da

profundidade da cartilagem nativa.

- **Aplicações**
  - **Reparação de defeitos ósseos**: Os suportes bioimpressos restauram a função e a estética em cirurgias craniofaciais ou ortopédicas.
  - **Regeneração da cartilagem**: Os constructos tratam de doenças degenerativas como a osteoartrite.
- **Desafios**
  - Os constructos ósseos requerem vascularização para assegurar o fornecimento de nutrientes.
  - Conseguir durabilidade a longo prazo e estabilidade mecânica em construções de cartilagem continua a ser um obstáculo.

5.3. Engenharia de tecidos vasculares e cardíacos

A bioimpressão está a revolucionar a engenharia de tecidos vasculares e cardíacos, abordando questões críticas como a isquemia, o enfarte do miocárdio e a escassez de transplantes de órgãos.

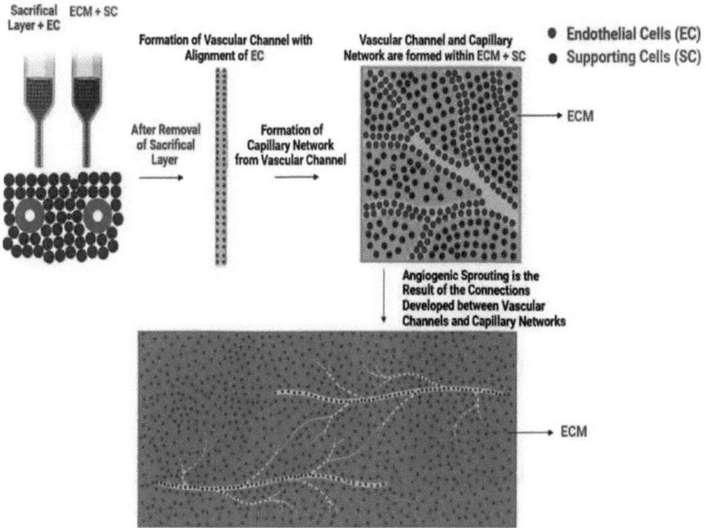

Figura 6. Exemplo de bioimpressão 3D de biomateriais de matriz extracelular (ECM) de suporte e estruturas de tecido vascularizado que são encapsuladas em células de suporte (SCs). As células endoteliais (CEs) encapsuladas formam o lúmen dos canais vasculares após a remoção da camada de sacrifício. Dentro da MEC encapsulada com as CEs, as redes capilares emergem dos canais vasculares. As ligações formadas entre as redes capilares e os canais vasculares provocam a formação de brotos angiogénicos. A fim de manter as estruturas de tecido vascularizado até à maturação do tecido, deve estar presente um biomaterial de matriz extracelular de apoio (Salih et al., 2024).

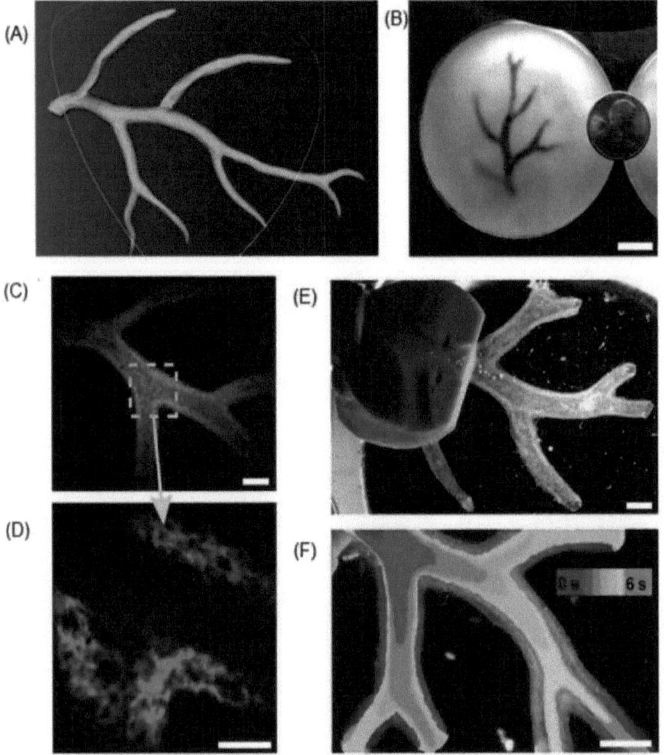

Figura 7. (A) Modelo impresso em FRESH de um segmento da árvore da artéria coronária direita. (B) A árvore arterial implantada no banho de

suporte e impressa em alginato preto. (C) É visível um lúmen oco num segmento da árvore arterial impresso em alginato fluorescente (verde). (D) Grande plano da parede do vaso, que tem menos de 1 mm de espessura. (E) Um dispositivo de perfusão que monta uma imagem de campo escuro da árvore arterial para que uma seringa possa ser inserida na raiz da árvore. (F) Uma imagem de lapso de tempo que mostra a árvore arterial perfundida com corante preto, mostrando que não há fugas através da parede (Hinton et al., 2015).

- **Engenharia de Tecidos Vasculares**
  - As construções vasculares são essenciais para a sobrevivência dos tecidos artificiais, permitindo um transporte eficiente de nutrientes e oxigénio.
  - A bioimpressão por extrusão coaxial e as técnicas assistidas por laser são normalmente utilizadas para fabricar estruturas tubulares que imitam os vasos sanguíneos.
  - Bioinks com células endoteliais e células musculares lisas formam as camadas de vasos sanguíneos nativos (Kolesky et al., 2014).
- **Engenharia de tecidos cardíacos**
  - A bioimpressão de remendos cardíacos com cardiomiócitos e biomateriais de suporte oferece soluções para a reparação de enfartes do miocárdio.
  - A bioimpressão avançada permite a criação de tecidos cardíacos com propriedades eléctricas e mecânicas semelhantes às do miocárdio nativo.
- **Aplicações**
  - **Enxertos vasculares**: Os enxertos vasculares bioimpressos são utilizados em cirurgias de bypass e como substitutos de vasos danificados.
  - **Pensos cardíacos**: Os adesivos bioimpressos promovem a reparação dos tecidos e melhoram a função cardíaca após o enfarte.

- o **Organ-on-a-Chip**: Modelos cardíacos vascularizados bioimpressos são utilizados para testes de medicamentos e modelação de doenças.

- ❖ **Desafios**
  - o Replicar a estrutura hierárquica e as propriedades mecânicas dos grandes vasos sanguíneos é complexo.
  - o A obtenção de uma contração sincronizada e a integração de tecidos cardíacos bioimpressos com o miocárdio nativo estão ainda em desenvolvimento.

5.2. Conclusão

A bioimpressão na engenharia de tecidos tem demonstrado progressos notáveis na criação de tecidos cutâneos, ósseos, cartilagíneos, vasculares e cardíacos. A capacidade de fabricar estruturas com uma arquitetura precisa e uma funcionalidade adaptada é muito promissora para aplicações clínicas. No entanto, é necessário enfrentar desafios como a vascularização, a estabilidade mecânica e a integração com os tecidos hospedeiros para concretizar plenamente o potencial da bioimpressão. Espera-se que os avanços contínuos no desenvolvimento de bioink, técnicas de bioimpressão e processos de maturação pós-impressão impulsionem o campo, abrindo caminho para avanços na medicina regenerativa.

Referências

1. Murphy, S. V., & Atala, A. (2014). Bioimpressão 3D de tecidos e órgãos. Nature Biotechnology, 32(8), 773-785. https://doi.org/10.1038/nbt.2958
2. Cui, H., Miao, S., Esworthy, T., Zhou, X., Lee, S. J., Liu, C., & Zhang, L. G. (2020). Bioimpressão 3D para regeneração cardiovascular e farmacologia. *Advanced Drug Delivery Reviews, 132,* 252-269. https://doi.org/10.1016Zj.addr.2020.02.016
3. Xie, Z., Gao, M., Lobo, A. O., & Webster, T. J. (2020). Bioimpressão 3D em Engenharia de Tecidos para Aplicações Médicas: O clássico e o híbrido. *Polymers, 12*(8), 1717. https://doi.org/10.3390/polym12081717
4. Pati, F., Jang, J., Ha, D. H., Won Kim, S., Rhie, J. W., Shim, J. H., Kim, D. H., & Cho, D. W. (2014). Impressão de análogos de tecido

tridimensional com bioink de matriz extracelular descelularizada. *Comunicações da natureza, 5,* 3935. https:// doi .org/10.1038/ncomms4935

5. Lee, H., Han, W., Kim, H., Ha, D. H., Jang, J., Kim, B. S., & Cho, D. W. (2017). Desenvolvimento de bioink de matriz extracelular descelularizada de fígado para engenharia de tecido hepático baseado em impressão celular tridimensional. *Biomacromolecules, 18*(4), 1229-1237.
6. Bakhtiary, N., Liu, C., & Ghorbani, F. (2021). Desenvolvimento de tintas bioativas para engenharia de tecidos osteocondrais: Uma mini-revisão. *Géis, 7*(4), 274. https://doi.org/10.3390/gels7040274
7. Kilian, D., Ahlfeld, T., Akkineni, A. R., Bernhardt, A., Gelinsky, M., & Lode, A. (2020). Bioimpressão 3D de substitutos de tecido osteocondral in vitro - condrogénese em construções mineralizadas multicamadas. *Relatórios científicos, 10*(1), 8277.
8. Salih, T., Caputo, M., & Ghorbel, M. T. (2024). Avanços recentes na bioimpressão 3D baseada em hidrogel e sua aplicação potencial no tratamento de doenças cardíacas congênitas. *Biomolecules, 14(7),* 861. https://doi.org/10.3390/biom14070861
9. Hinton, T. J., Jallerat, Q., Palchesko, R. N., Park, J. H., Grodzicki, M. S., Shue, H. J., ... & Feinberg, A. W. (2015). Impressão tridimensional de estruturas biológicas complexas por incorporação reversível de forma livre de hidrogéis suspensos. *Avanços da ciência, 1*(9), e1500758.
10. Kolesky, D. B., Truby, R. L., Gladman, A. S., Busbee, T. A., Homan, K. A., & Lewis, J. A. (2014). Bioimpressão 3D de construções de tecido vascularizado e heterogêneo carregado de células. *Materiais Avançados, 26*(19), 3124-3130. https://doi.org/10.1002/adma.201305506
11. Ng, W. L., Chua, C. K., Shen, Y. F., & Tang, Y. (2021). Bioimpressão da pele: Realidade iminente ou fantasia? *Tendências em Biotecnologia, 39*(6), 611-624. https://doi.org/10.1016Zj.tibtech.2020.12.004

Capítulo 6 : Bioimpressão em medicina regenerativa

6.1. Bioimpressão em medicina regenerativa

A bioimpressão surgiu como uma ferramenta transformadora na medicina regenerativa, oferecendo soluções inovadoras para reparar, substituir e regenerar tecidos e órgãos danificados. Esta tecnologia de ponta combina os princípios da impressão 3D com os avanços da biologia celular e dos biomateriais, permitindo a criação de estruturas biológicas complexas e funcionais que imitam os tecidos naturais. Ao tirar partido da bioimpressão, os investigadores podem conceber construções específicas para cada doente, adaptadas às necessidades individuais, o que a torna uma pedra angular da medicina personalizada (Ozbolat, 2017).

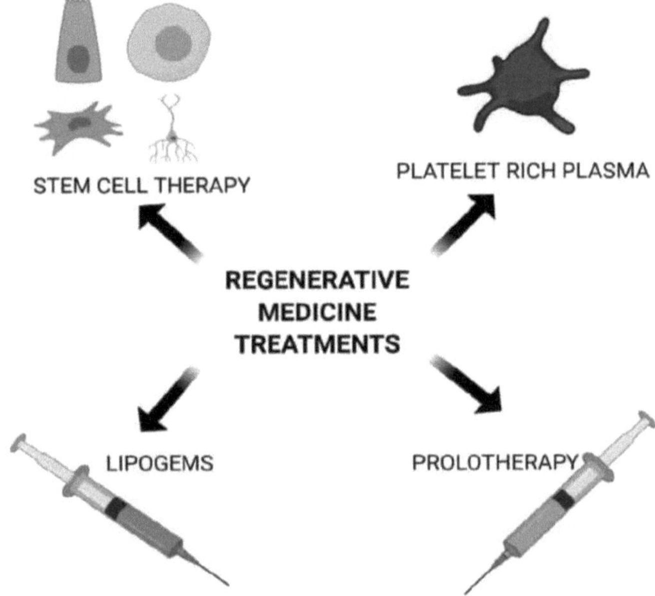

Figura 1. A medicina regenerativa utiliza uma variedade de terapias. Para reparar ou substituir células ou tecidos danificados, foram recentemente utilizados tratamentos que utilizam uma variedade de células estaminais, plasma rico em plaquetas, lipogemas (tecido adiposo) e proloterapia (utilizando um irritante como a dextrose) (Vasanthan et al., 2020).

A medicina regenerativa tem como objetivo restaurar a função normal dos tecidos e órgãos que tenham sido afectados por doenças, lesões ou envelhecimento.

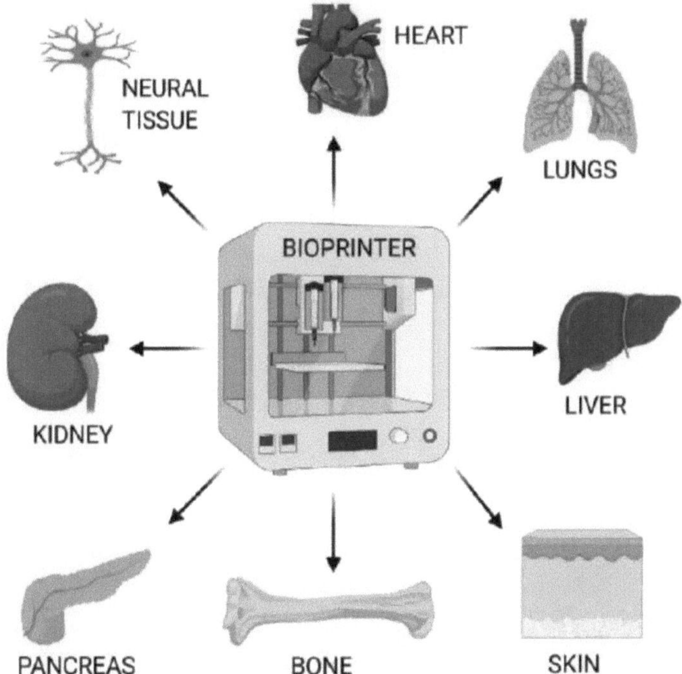

Figura 2. Utilizando a tecnologia de bioimpressão 3D, podem ser concebidos e criados diferentes tecidos ou órgãos. Para criar diferentes tecidos ou órgãos que possam ser utilizados na medicina regenerativa, a tecnologia de bioimpressão facilita a criação de bioconstruções utilizando MSCs e outros biomateriais de forma hierárquica (Vasanthan et al., 2020).

A bioimpressão apoia este objetivo ao proporcionar um controlo preciso sobre a disposição espacial das células, biotintas e factores de crescimento, criando construções que facilitam a regeneração de tecidos e a integração com sistemas nativos. Quer se trate do desenvolvimento de enxertos de pele, tecidos vascularizados ou órgãos funcionais, a bioimpressão oferece capacidades sem precedentes para enfrentar os desafios da reparação de tecidos e do transplante de órgãos.

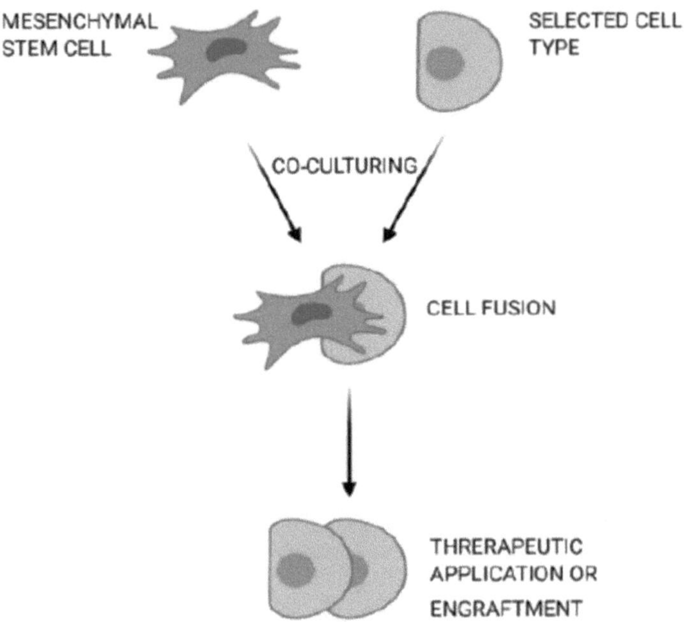

Figura 3. Combinação de células não estaminais e células estaminais mesenquimais.
As células estaminais mesenquimais podem ser utilizadas para tratar doenças gastrointestinais ou neurológicas, fundindo-se com células próximas para criar um agregado multicelular com melhores propriedades (Vasanthan et al., 2020).

Um dos principais pontos fortes da bioimpressão na medicina regenerativa reside na sua capacidade de incorporar células vivas e materiais bioactivos nas construções. Isto garante que as estruturas bioimpressas não são apenas estruturalmente estáveis, mas também biologicamente activas, promovendo a proliferação e diferenciação celular e a produção de matriz extracelular.

Além disso, os avanços nas tecnologias de células estaminais e nas formulações de bioink expandiram o potencial da bioimpressão para criar tecidos com propriedades regenerativas melhoradas.

Este capítulo explora o papel da bioimpressão na medicina regenerativa, centrando-se nas suas aplicações na medicina personalizada, na cicatrização de feridas e na regeneração de órgãos. Destaca a integração da bioimpressão com as tecnologias de células estaminais e discute o potencial desta abordagem interdisciplinar para revolucionar os cuidados de saúde. Ao colmatar o fosso entre a engenharia e a biologia, a bioimpressão está preparada para responder a necessidades críticas não satisfeitas na medicina regenerativa e melhorar os resultados dos doentes em todo o mundo.

6.2. Aplicações de medicina personalizada

A medicina personalizada centra-se na adaptação de tratamentos médicos a doentes individuais com base nos seus factores genéticos, ambientais e de estilo de vida. A bioimpressão apoia esta visão ao permitir a criação de estruturas e dispositivos de tecido personalizados.

1. **Constructos específicos do doente**
    - A bioimpressão aproveita as células derivadas do doente para fabricar construções de tecidos, minimizando a rejeição imunitária e melhorando os resultados do tratamento (Murphy & Atala, 2014).
    - Por exemplo, os implantes de cartilagem específicos para cada doente podem tratar a osteoartrite ou lesões traumáticas.
2. **Testes e rastreios de drogas**
    - Os tecidos bioimpressos reproduzem o microambiente dos órgãos nativos, fornecendo plataformas para o rastreio personalizado de medicamentos.
    - Os modelos de tecido hepático e renal permitem uma avaliação individualizada da eficácia e toxicidade dos medicamentos.

3. **Precisão no tratamento do cancro**
   - Os modelos tumorais bioimpressos apoiam a oncologia personalizada, permitindo o teste de terapias anti-cancro em células derivadas de doentes.
4. **Desafios**
   - Os custos elevados e a complexidade de aumentar a escala dos constructos personalizados continuam a ser obstáculos significativos.

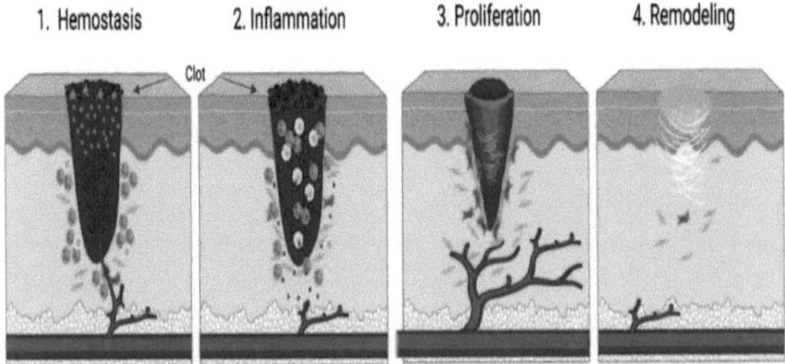

Figura 4. Uma ilustração das fases envolvidas na cicatrização de feridas. A hemostase, a inflamação, a regeneração dos tecidos e a remodelação são as suas quatro fases. Em cada fase, ocorrem vários processos (Youn et al., 2024).

6.3. Cicatrização de feridas e regeneração de órgãos

A bioimpressão oferece soluções inovadoras para a cicatrização de feridas e a regeneração de órgãos danificados, respondendo a necessidades críticas na medicina reconstrutiva e de transplantes.

1. **Aplicações de cicatrização de feridas**
   - A bioimpressão permite a deposição de células da pele e biomateriais diretamente nos locais das feridas, acelerando a cicatrização e reduzindo as cicatrizes
   - Os factores de crescimento e os agentes antimicrobianos podem ser incorporados nas bio-ligações para promover a

reparação dos tecidos e prevenir a infeção (Ng et al., 2021).

2. **Regeneração de órgãos**
   - A bioimpressão facilita o fabrico de construções específicas de órgãos, abrindo caminho para a regeneração e transplantação de órgãos.
   - A criação de tecidos vascularizados é um marco significativo para garantir a viabilidade de construções de órgãos maiores.
3. **Terapias emergentes**
   - Estão a ser desenvolvidas ilhotas pancreáticas bioimpressas para o tratamento da diabetes .
   - Os construtos para a regeneração do fígado e dos rins são promissores para fazer face à escassez de órgãos.
4. **Desafios**
   - Conseguir a funcionalidade a longo prazo e a integração de órgãos bioimpressos nos sistemas hospedeiros continua a ser um desafio complexo.

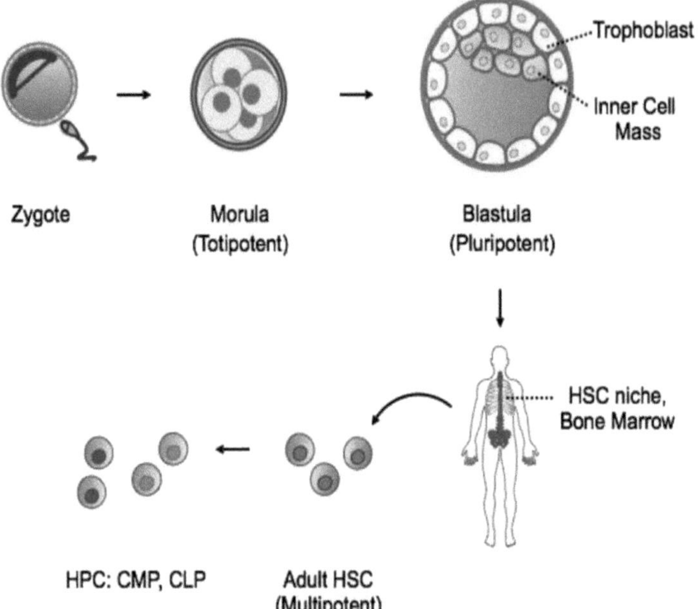

Figura 5. Hierarquia da potência das células estaminais desde o desenvolvimento embrionário até ao desenvolvimento adulto. A potência diminui frequentemente à medida que a especialização celular aumenta. CMP significa progenitor mieloide comum; CLP significa progenitor linfoide comum; HPC significa célula progenitora hematopoiética; e HSC significa célula estaminal hematopoiética (Li et al., 2017).

6.3. Integração com tecnologias de células estaminais

As células estaminais desempenham um papel fundamental na medicina regenerativa devido à sua capacidade de se diferenciarem em vários tipos de células. A bioimpressão fornece uma plataforma para integrar tecnologias de células estaminais para fabricar tecidos e órgãos funcionais.

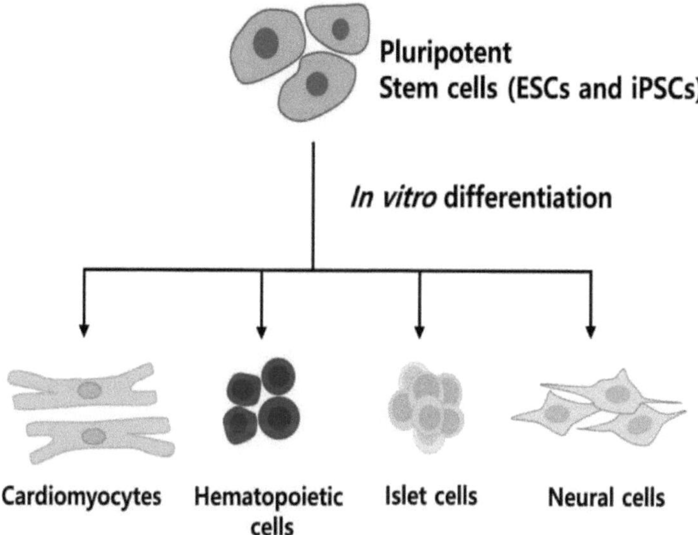

Figura 6. Diferenciação de células estaminais pluripotentes. Através da diferenciação de células estaminais pluripotentes, podem ser produzidas células desejáveis. Com potenciais utilizações na terapia de doenças, estas células emergiram como um ponto de viragem significativo na medicina regenerativa (Kim et al., 2024).

1. **Tipos de células estaminais na bioimpressão**
   - **Células estaminais embrionárias (CTE)**: Capazes de se diferenciarem em qualquer tipo de célula, as CTE oferecem um potencial imenso, mas enfrentam preocupações éticas.
   - **Células estaminais pluripotentes induzidas (iPSCs)**: Derivadas de células adultas, as iPSCs eliminam as questões éticas e são amplamente utilizadas na bioimpressão.
   - **Células estaminais mesenquimais (MSCs)**: As MSCs são ideais para a engenharia de cartilagem e tecido ósseo devido às suas propriedades regenerativas (Cui et al., 2020).
2. **Bioimpressão com células estaminais**
   - As células estaminais podem ser encapsuladas em biotintas para

garantir a sua viabilidade e funcionalidade durante e após o processo de impressão.
   - São utilizadas estratégias de bioimpressão personalizadas para orientar a diferenciação de células estaminais em tipos de células específicos.

3. **Aplicações**
   - **Engenharia de tecidos cardíacos**: As construções bioimpressas com iPSCs mostraram-se promissoras na reparação do tecido do miocárdio.
   - **Engenharia de tecidos neurais**: Estão a ser utilizadas biotintas carregadas de células estaminais para criar construções para reparar lesões da espinal medula.
4. **Desafios**
   - Garantir a sobrevivência e a diferenciação das células estaminais após a impressão requer a otimização dos bioinks e das condições de bioimpressão.
   - Os obstáculos regulamentares e as considerações éticas devem ser abordados para a tradução clínica.

6.4. Conclusão

A integração da bioimpressão na medicina regenerativa está a redefinir as possibilidades da medicina personalizada, da cicatrização de feridas e da regeneração de órgãos. A sua sinergia com as tecnologias de células estaminais aumenta ainda mais o seu potencial para revolucionar os cuidados de saúde. No entanto, desafios como a vascularização, a escalabilidade e as barreiras regulamentares têm de ser resolvidos para libertar todo o seu potencial. À medida que os avanços nas tecnologias e materiais de bioimpressão continuam, o futuro da medicina regenerativa parece promissor, oferecendo esperança de melhores resultados para os doentes e abordagens terapêuticas inovadoras.

Referências

1. Ozbolat, I. T. (2017). *Bioimpressão 3D: Fundamentos, princípios e*

aplicações. Imprensa académica.

2. Cui, H., Miao, S., Esworthy, T., Zhou, X., Lee, S. J., Liu, C., & Zhang, L. G. (2020). Bioimpressão 3D para regeneração cardiovascular e farmacologia. *Advanced Drug Delivery Reviews, 132,* 252-269. https://doi.org/10.1016Zj.addr.2020.02.016
3. Vasanthan, J., Gurusamy, N., Rajasingh, S., Sigamani, V., Kirankumar, S., Thomas, E. L., & Rajasingh, J. (2020). Papel das células-tronco mesenquimais humanas na terapia regenerativa. *Cells, 10*(1), 54. https://doi.org/10.3390/cells10010054
4. Li, M., Cascino, P., Ummarino, S., & Di Ruscio, A. (2017). Aplicação da Tecnologia de Células-Tronco Pluripotentes Induzidas ao Estudo de Doenças Hematológicas. *Cells, 6*(1), 7. https://doi.org/10.3390/cells6010007
5. Youn, S., Ki, M., Abdelhamid, M. A., & Pack, S. (2024). Materiais biomiméticos para regeneração de tecidos da pele e pele eletrônica. *Biomimetics, 9*(5), 278. https://doi.org/10.3390/biomimetics9050278
6. Kim, M., & Hong, S. (2024). Integração da Inteligência Artificial na Ciência Biomédica: Novas aplicações para a investigação inovadora de células estaminais e o desenvolvimento de medicamentos. *Technologies*, *12*(7), 95. https://doi.org/10.3390/technologies12070095
7. Murphy, S. V., & Atala, A. (2014). Bioimpressão 3D de tecidos e órgãos. *Nature Biotechnology, 32*(8), 773-785. https://doi.org/10.1038/nbt.2958
8. Ng, W. L., Chua, C. K., Shen, Y. F., & Tang, Y. (2021). Bioimpressão da pele: Realidade iminente ou fantasia? *Tendências em Biotecnologia, 39*(6), 611-624. https://doi.org/10.1016/j.tibtech.2020.12.004

Capítulo 7 : Aplicações avançadas de bioimpressão

7.1. Aplicações avançadas de bioimpressão

A bioimpressão evoluiu para além das suas aplicações iniciais na engenharia de tecidos para incluir avanços inovadores nos cuidados de saúde e nas ciências farmacêuticas. Este capítulo aborda a utilização da bioimpressão em modelos de órgãos num chip, testes de medicamentos e modelação de doenças, destacando o seu impacto transformador na investigação, diagnóstico e desenvolvimento terapêutico.

As aplicações avançadas de bioimpressão estão a revolucionar os campos da investigação biomédica e da medicina clínica, fornecendo soluções inovadoras para desafios complexos na engenharia de tecidos, desenvolvimento de medicamentos e modelação de doenças. Estas aplicações vão para além dos métodos tradicionais de bioimpressão, tirando partido de tecnologias de ponta e abordagens interdisciplinares para ultrapassar os limites do que pode ser alcançado com a bioimpressão 3D. Ao integrar inovações biológicas, de engenharia e computacionais, a bioimpressão avançada está a abrir novas fronteiras na medicina personalizada e na investigação translacional (Murphy & Atala, 2014).

Um dos avanços mais promissores da bioimpressão é o desenvolvimento de modelos de órgãos num chip. Estes sistemas de microengenharia reproduzem as caraterísticas estruturais e funcionais dos órgãos humanos, permitindo aos investigadores estudar os mecanismos das doenças, avaliar a eficácia dos medicamentos e prever as respostas toxicológicas num ambiente altamente controlado. Do mesmo modo, a bioimpressão transformou os ensaios e o desenvolvimento de medicamentos, oferecendo modelos mais exactos e reprodutíveis em comparação com as culturas celulares tradicionais ou os estudos em animais. Estes modelos permitem o rastreio de alto rendimento e o desenvolvimento de medicamentos personalizados, reduzindo significativamente o tempo e o custo associados à introdução de novas terapias no mercado.

Para além destas aplicações, a bioimpressão está a desempenhar um papel fundamental na modelação de doenças. Ao criar construções de tecido específicas para cada doente, os investigadores podem simular condições patológicas para compreender melhor a progressão da doença e identificar potenciais alvos terapêuticos. Esta capacidade é particularmente valiosa para o estudo de doenças complexas como o cancro, as doenças cardiovasculares e as doenças neurológicas, em que os modelos existentes muitas vezes não conseguem captar as complexidades da biologia humana.

Este capítulo explora as aplicações avançadas da bioimpressão, centrando-se em sistemas de órgãos num chip, plataformas de teste de medicamentos e modelação de doenças. Destaca as inovações tecnológicas que estão a impulsionar o progresso nestas áreas e discute o seu potencial transformador na medicina moderna. À medida que as tecnologias de bioimpressão continuam a evoluir, prometem remodelar o panorama biomédico, oferecendo abordagens mais precisas, eficientes e éticas para compreender e tratar os desafios da saúde humana.

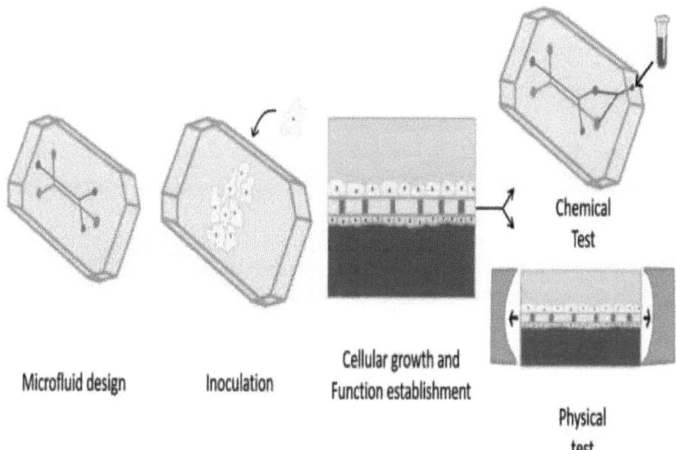

Figura 1. Considerando a aplicação, o procedimento para gerar várias EdC é, em teoria, o mesmo. As qualidades a medir e a emular devem ser abordadas em primeiro lugar no projeto. Em segundo lugar, o gadget precisa de ser tratado com várias células. Em terceiro lugar, para que o chip actue como um órgão, é necessário estabelecer o desenvolvimento, a diferenciação e a função celulares. Em quarto lugar, são utilizados testes físicos e químicos para obter dados (Eduardo et al., 2018).

7.2. Modelos de órgãos numa placa

Os modelos de órgãos numa pastilha (OoC) são sistemas de microengenharia que reproduzem as caraterísticas fisiológicas e patológicas dos órgãos humanos. A bioimpressão tem desempenhado um papel fundamental no aumento da funcionalidade e da precisão destes modelos.

- **Importância dos modelos de órgãos numa placa**
  - Os dispositivos OoC imitam as funções e interações específicas dos órgãos, constituindo uma alternativa mais precisa às tradicionais culturas de células 2D e aos modelos animais.
  - As aplicações incluem o estudo de mecanismos de doenças, respostas a medicamentos e abordagens de medicina personalizada (Zhang et al., 2020).

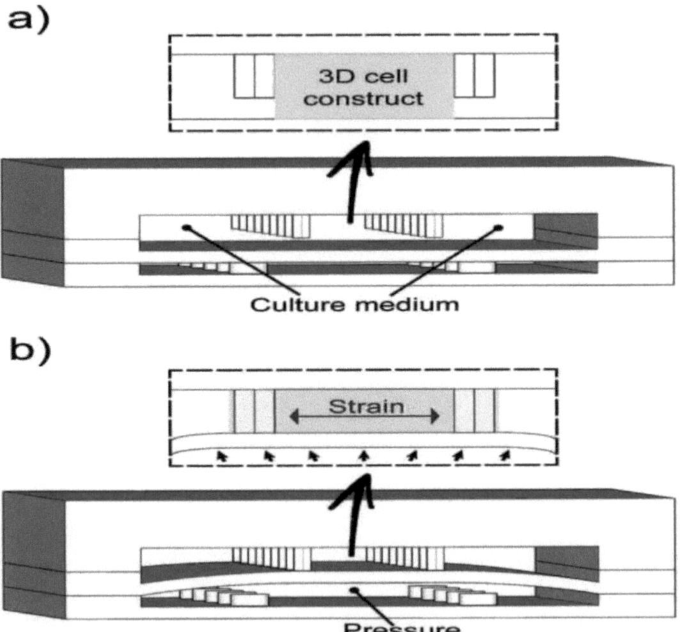

Figura 2. O coração num chip de Marsane et al. (a) Duas câmaras de PDMS com células cardíacas numa matriz de gel de fibrina, preenchidas por canais laterais, conferem ao dispositivo microfabricado semelhante a

um coração as suas geometrias ajustáveis. (b) Para reproduzir as fases cardíacas normais, a membrana de PDMS é deformada através da aplicação de pressão no compartimento inferior, que comprime a construção celular 3D contra a pressão cíclica pós-geração (Marsano et al., 2016).

- **Melhorias da bioimpressão no desenvolvimento da EdC**
  - A bioimpressão permite a disposição espacial precisa de células e biomateriais, reproduzindo a arquitetura complexa dos órgãos.
  - As técnicas de bioimpressão multicamada permitem a integração da vasculatura, aumentando a relevância fisiológica dos modelos.
- **Exemplos de sistemas de EdC com bioimpressão**
  - **Liver-on-a-Chip**: Utilizado para estudar a hepatotoxicidade e o metabolismo dos medicamentos.
  - **Heart-on-a-Chip**: Avalia a cardiotoxicidade e modela doenças cardíacas.
  - **Lung-on-a-Chip**: Imita os processos respiratórios e é fundamental para a investigação relacionada com a COVID-19.
- **Desafios**
  - A escalabilidade e a normalização continuam a ser obstáculos à adoção generalizada.
  - A funcionalidade a longo prazo e a monitorização em tempo real exigem mais inovação.

A bioimpressão teve um impacto significativo no desenvolvimento e no avanço dos modelos de órgãos num chip (OOC), melhorando a sua funcionalidade, precisão e relevância na investigação biomédica. Os modelos de órgãos num chip são dispositivos microfluídicos que simulam o ambiente e o comportamento dos órgãos humanos, constituindo uma alternativa mais exacta e escalável aos modelos animais tradicionais e às culturas de células. Combinando a bioimpressão com a tecnologia OOC, os investigadores podem criar modelos mais complexos e fisiologicamente relevantes para testes de medicamentos, modelação de doenças e compreensão da fisiologia humana.

7.2.1. Principais impactos da bioimpressão em modelos de órgãos num chip:

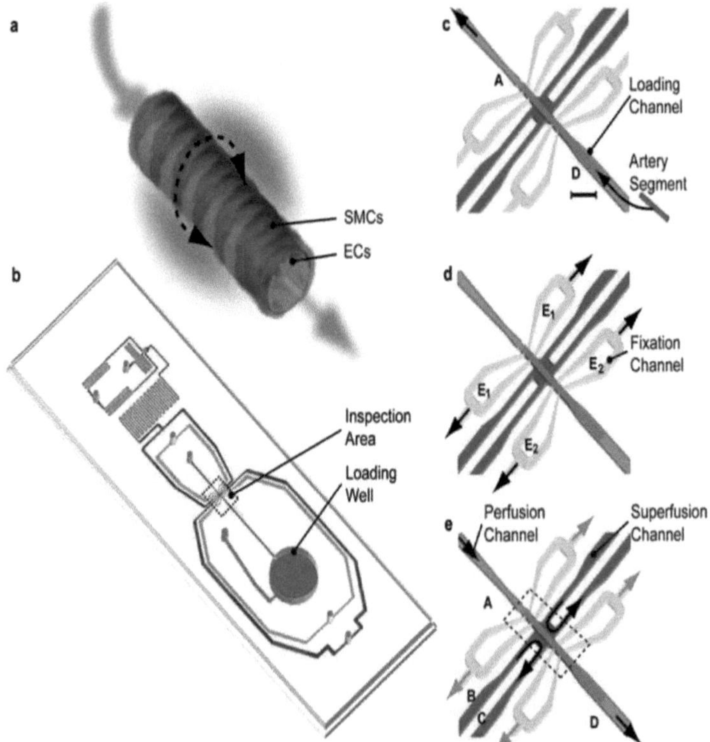

Figura 3. Um sistema de artéria num chip de Gunther et al., 2010: (a) É mostrada uma porção de uma artéria de resistência. (b) Uma ilustração do chip que contém um poço de carregamento da artéria, uma região de inspeção da artéria e uma rede de microcanais. (c-e) Exemplos de técnicas reversíveis de carregamento, fixação e inspeção de segmentos de artérias.

- **Complexidade estrutural melhorada**:

A bioimpressão permite a criação de estruturas de tecido complexas e multicamadas com uma organização espacial precisa de diferentes tipos de células, semelhante à arquitetura nativa dos órgãos.

Esta capacidade permite o desenvolvimento de modelos OOC que reproduzem melhor as interações celulares, a composição dos tecidos e o microambiente existentes nos órgãos humanos reais. Por exemplo, a bioimpressão pode ser utilizada para criar redes vasculares dentro do chip, facilitando a criação de modelos de tecido mais realistas e funcionais que suportam o fluxo de nutrientes e resíduos, tal como no corpo humano (Bhatia & Ingber, 2014).

- **Personalização e modelos específicos para cada paciente**:

Uma das vantagens da bioimpressão em modelos OOC é a capacidade de adaptar o desenho do chip e a composição celular para refletir caraterísticas, doenças ou condições específicas do doente. Os modelos OOC bioimpressos personalizados podem incorporar células derivadas dos tecidos do próprio paciente, permitindo testes individualizados de respostas a medicamentos e progressão de doenças. Esta personalização torna os modelos OOC não só mais relevantes para a medicina personalizada, mas também mais eficazes na previsão dos resultados do tratamento específico do doente (Jang & Otieno, 2018).

- **Maior precisão na colocação de células**:

A tecnologia de bioimpressão permite um controlo preciso da colocação das células, o que é crucial para recriar tecidos complexos e garantir a disposição espacial correta dos diferentes tipos de células num modelo de órgão num chip. Esta precisão permite a formação exacta de estruturas específicas de órgãos, como o fígado, o coração ou os pulmões, assegurando que as interações célula-célula são corretamente modeladas e que as propriedades funcionais do órgão, como a função de barreira ou a atividade metabólica, são representadas com precisão (Zhang et al., 2018).

❖ **Escalabilidade e rastreio de elevado rendimento**:

Os modelos OOC bioimpressos facilitam a escalabilidade e o rastreio de alto rendimento, o que é valioso para o desenvolvimento e teste de medicamentos. Ao imprimir vários chips ou ao criar uma plataforma modular, os investigadores podem testar eficazmente um grande número de compostos ou condições em diferentes sistemas de órgãos, acelerando significativamente o processo de descoberta de medicamentos. Estes modelos também podem ser integrados em sistemas automatizados para permitir a recolha de dados em grande escala, melhorando a precisão e a fiabilidade dos resultados experimentais (Cavalcanti et al., 2020).

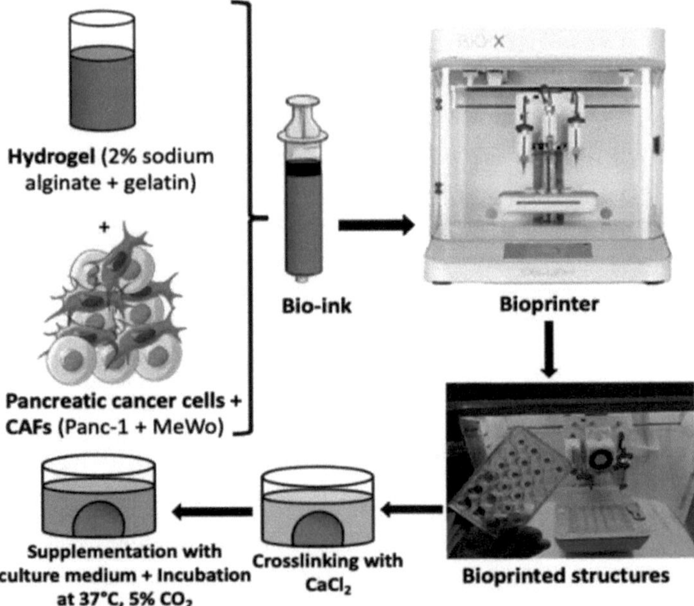

Figura 4. A tripsinização das células e a sua incorporação em hidrogel (alginato de sódio a 2% + gelatina a 15%) para produzir a tinta biológica foram etapas do processo de bioimpressão. Para cada estrutura, foram utilizados 62,5 µL de tinta biológica para imprimir modelos de tumores, que eram cilindros com dimensões de 6 mm de diâmetro e 1,5 mm de espessura.

Após um processo de reticulação de 7 minutos com CaCl2 100 mM, as estruturas impressas foram suplementadas com novos meios de cultura e mantidas numa incubadora regulada a 37 °C com 5% de CO2 até à realização dos testes (Godier et al., 2024).

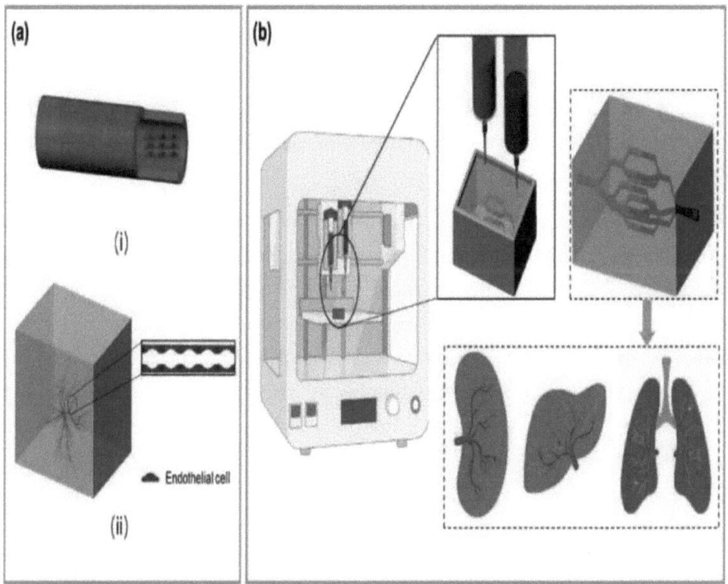

Figura 5. (a) Técnica convencional de engenharia de tecidos para a construção de vasos sanguíneos. (i) Foram fabricados suportes tubulares antes de a superfície interna dos suportes ser semeada com células endoteliais (CE); (ii) A angiogénese capilar foi estimulada diretamente nos suportes de engenharia de tecidos. (a) Uma visão geral da bioimpressão 3D para a criação de tecido vascularizado. As CE podem ser impressas num suporte para criar vasos sanguíneos ramificados em várias escalas e, após culturas in vitro, pode ser produzido um organoide perfeito (Kong et al., 2022).

- **Melhoria da modelação de doenças**:

Os modelos OOC bioimpressos permitem a simulação de uma variedade de doenças, desde o cancro às doenças cardiovasculares, de uma forma controlada e reprodutível. Estes modelos podem captar a progressão de doenças e os efeitos de potenciais terapias num ambiente muito mais realista do que as tradicionais culturas de células 2D.

Por exemplo, os investigadores podem imprimir tecidos cancerígenos num modelo OOC para estudar o comportamento do tumor e testar medicamentos anti-cancro. Isto é especialmente valioso para doenças que envolvem múltiplos órgãos ou processos biológicos complexos, proporcionando uma abordagem mais abrangente e holística à modelação de doenças (Mao et al., 2020).

A bioimpressão fez avançar significativamente as capacidades dos modelos de órgãos num chip, permitindo a criação de modelos de tecidos mais realistas, funcionais e personalizados. Ao aumentar a complexidade estrutural, a precisão e a escalabilidade dos dispositivos OOC, a bioimpressão abriu novos caminhos para testes de medicamentos, modelação de doenças e medicina personalizada. À medida que a tecnologia de bioimpressão continua a evoluir, a sua integração com os sistemas de órgãos em chip desempenhará, sem dúvida, um papel fundamental no avanço da investigação médica e na melhoria dos cuidados dos doentes.

7.3. Teste e desenvolvimento de medicamentos

A bioimpressão oferece oportunidades sem precedentes para revolucionar o teste e o desenvolvimento de medicamentos, fornecendo plataformas fiáveis para estudos pré-clínicos.

1. **Limitações actuais no desenvolvimento de medicamentos**
   - Os modelos animais tradicionais muitas vezes não conseguem prever com exatidão as respostas humanas devido às diferenças entre espécies.
   - A bioimpressão resolve esta limitação através da criação de modelos de tecidos relevantes para o ser humano.
2. **Modelos bioimpressos para o rastreio de medicamentos**
   - **Modelos de tecido hepático**: Avaliar o metabolismo dos medicamentos e a hepatotoxicidade com elevada precisão.

- **Modelos de tumores**: Facilitam a oncologia personalizada, avaliando a eficácia de medicamentos anticancerígenos em células derivadas de pacientes (Kang et al., 2020).
- **Modelos neurais**: Utilizados para testar agentes neuroprotectores e estudar doenças neurodegenerativas.

3. **Rastreio de elevado rendimento**
   - As construções bioimpressas podem ser miniaturizadas para o rastreio de medicamentos de elevado rendimento, acelerando a identificação de candidatos promissores.
4. **Vantagens da bioimpressão na despistagem de drogas**
   - Reduz a dependência de ensaios em animais, respondendo a preocupações éticas.
   - Fornece uma previsão mais exacta das respostas aos medicamentos, reduzindo a probabilidade de falhas na fase final.

7.4. Modelação de doenças

A bioimpressão está a fazer avançar a nossa compreensão dos mecanismos das doenças, permitindo a criação de modelos de tecidos e órgãos que reproduzem condições patológicas.

1. **Importância dos modelos de doença**
   - Os modelos de doenças fornecem informações sobre a fisiopatologia e facilitam o desenvolvimento de terapias direcionadas.
   - A bioimpressão permite a recriação de microambientes de tecidos complexos que são fundamentais para o estudo de doenças.
2. **Modelos bioimpressos para a investigação de doenças**
   - **Modelos de cancro**: Os microambientes tumorais com células estromais e imunitárias são utilizados para estudar as metástases e a resistência aos medicamentos.
   - **Modelos cardiovasculares**: Os tecidos cardíacos bioimpressos

simulam condições isquémicas e ajudam no desenvolvimento de terapias para o enfarte do miocárdio.

- **Modelos neurológicos**: Imitam doenças como Parkinson e Alzheimer para explorar a progressão da doença e testar tratamentos (Cui et al., 2020).

3. **Medicina personalizada**
   - Os modelos de doenças específicas dos doentes, criados com recurso à bioimpressão e a células derivadas de doentes, permitem testar planos de tratamento individualizados.
4. **Desafios e direcções futuras**
   - A criação de modelos de doença moduláveis e reprodutíveis continua a ser um desafio.
   - A combinação da bioimpressão com a inteligência artificial poderá melhorar as capacidades de previsão dos modelos de doenças.

7.5. Conclusão

As aplicações avançadas de bioimpressão, incluindo modelos de órgãos num chip, testes de medicamentos e modelação de doenças, revolucionaram a investigação e o desenvolvimento biomédicos. Estas inovações proporcionam sistemas relevantes para o ser humano que fazem a ponte entre os estudos in vitro e os ensaios clínicos, oferecendo plataformas mais fiáveis para compreender as doenças e desenvolver terapias. À medida que as tecnologias de bioimpressão e os bioinks avançam, a sua integração com ferramentas computacionais e tecnologias de células estaminais promete aumentar ainda mais o seu impacto nos cuidados de saúde e na medicina personalizada.

Referências

1. Murphy, S. V., & Atala, A. (2014). Bioimpressão 3D de tecidos e órgãos. *Nature Biotechnology, 32(8),* 773-785. https://doi.org/10.1038/nbt.2958
2. Bhatia, S. N., & Ingber, D. E. (2014). Órgãos microfluídicos em chips.

Nature Biotechnology, 32(8), 760-772. https://doi.org/10.1038/nbt.2989

3. Eduardo, J., M., A., D., K., A., M., E., I., Ahmed, I., Sharma, A., & Iqbal, H. M. (2018). Módulo de órgãos em um chip: Uma revisão da perspetiva de desenvolvimento e aplicações. *Micromachines, P*(10), 536. https://doi.org/10.3390/mi9100536
4. Cavalcanti, D., et al. (2020). Bioimpressão para modelos de órgãos em um chip: Challenges and opportunities. *Bioprinting, 19,* e00088. https://doi.org/10.1016/jZbprint.2019.e00088
5. Marsano, A., Conficconi, C., Lemme, M., Occhetta, P., Gaudiello, E., Votta,
E., Cerino, G., Redaelli, A., & Rasponi, M. (2016). Batendo o coração em um chip: uma nova plataforma microfluídica para gerar microtecidos cardíacos 3D funcionais. *Lab on a chip, 16*(3), 599-610. https://doi.org/10.1039/c5lc01356a
6. Jang, K. J., & Otieno, M. A. (2018). Órgãos humanos em microescala em chips para triagem de drogas e modelagem de doenças. *Tendências em Ciências Farmacológicas, 39(7),* 536-549. https://doi.org/10.1016Zj.tips.2018.05.006
7. Mao, S., et al. (2020). Avanços recentes na impressão 3D de modelos de órgãos em um chip: Uma atualização. *Biomedical Engineering Letters, 10(2),* 235-247. https://doi.org/10.1007/s13534-020-00158-3
8. Godier, C., Baka, Z., Lamy, L., Gribova, V., Marchal, P., Lavalle, P., Gaffet, E., Bezdetnaya, L., & Alem, H. (2024). Um modelo 3D baseado em bioimpressão para adenocarcinoma ductal pancreático. *Diseases, 12*(9), 206. https://doi.org/10.3390/diseases12090206
9. Zhang, B., et al. (2018). Avanços no uso da bioimpressão 3D para modelos de órgãos em chip. *Journal of Biomedical Materials Research Part A, 106(5),* 1412-1423. https://doi.org/10.1002/jbm.a.34356
10. Kong, Z., & Wang, X. (2022). Tecnologias de Bioimpressão e Bioinks para Estabelecimento de Modelo Vascular. *International Journal of Molecular Sciences, 24*(1), 891. https://doi.org/10.3390/ijms24010891
11. Günther, A., Yasotharan, S., Vagaon, A., Lochovsky, C., Pinto, S., Yang, J., Lau, C., Voigtlaender-Bolz, J., & Bolz, S. S. (2010). Uma plataforma microfluídica para sondar a estrutura e a função de pequenas artérias. *Lab on a chip, 10*(18), 23412349. https://doi.org/10.1039/c004675b
12. Cui, H., Miao, S., Esworthy, T., Zhou, X., Lee, S. J., Liu, C., & Zhang,

L. G. (2020). Bioimpressão 3D para regeneração cardiovascular e farmacologia. *Advanced Drug Delivery Reviews, 132,* 252-269. https://doi.org/10.1016/j.addr.2020.02.016 Kang, H. W., Lee, S. J., Ko, I. K., Kengla, C., Yoo, J. J., & Atala, A. (2020).

Um sistema de bioimpressão 3D para produzir construções de tecidos à escala humana com integridade estrutural. *Nature Biotechnology, 34*(3), 312-319. https://doi.org/10.1038/nbt.3413

13. Zhang, B., Korolj, A., Lai, B. F. L., & Radisic, M. (2020). Avanços na engenharia de órgãos em um chip. *Nature Reviews Materials, 3*(8), 257-278. https://doi.org/10.1038/s41578-018-0034-7

Capítulo 8: Desafios e perspectivas futuras

8.1. Desafios e perspectivas futuras

A bioimpressão surgiu como uma das tecnologias mais promissoras nos domínios da engenharia de tecidos, da medicina regenerativa e do desenvolvimento de medicamentos. Ao permitir a deposição precisa de células vivas, biomateriais e moléculas bioactivas, abriu novas portas para a criação de tecidos e órgãos complexos e funcionais. No entanto, apesar do seu imenso potencial, a bioimpressão enfrenta ainda vários desafios significativos que têm de ser resolvidos para que as suas capacidades se tornem plenamente reais em contextos clínicos e de investigação.

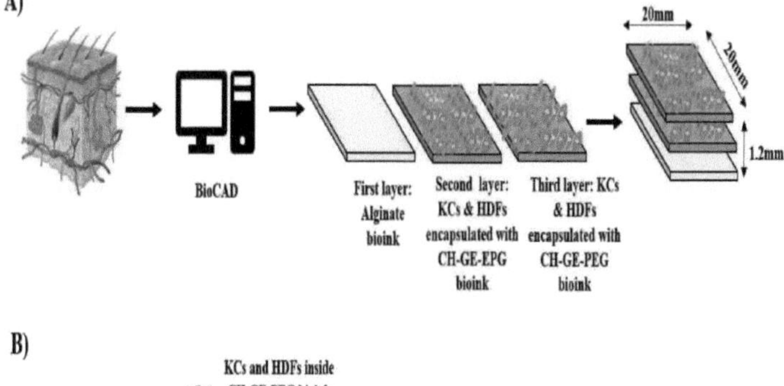

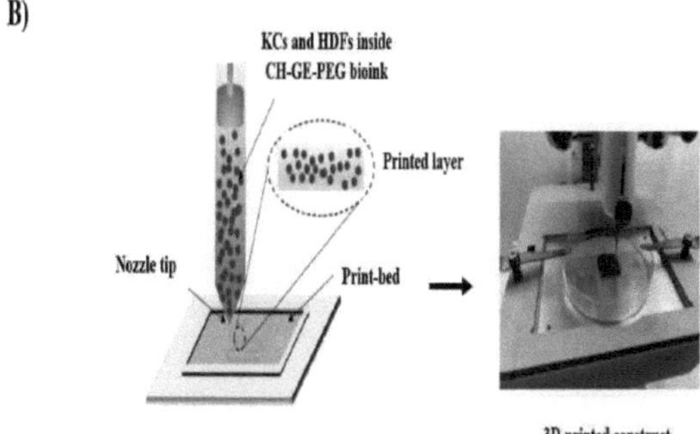

Figura 1. (A) Representação esquemática da disposição de cada camada de pele em estruturas impressas em 3D. (B) Camada de alginato, KCs e HDFs envoltos em camadas de CH-GE-PEG são bioimpressos em três dimensões (Hafezi et al., 2020).

Um dos principais desafios reside no facto de se conseguir a necessária complexidade e funcionalidade dos tecidos bioimpressos. Embora as técnicas actuais permitam a criação de estruturas básicas de tecidos, a replicação da complexidade dos órgãos humanos, incluindo as redes vasculares, a heterogeneidade celular e a intrincada sinalização bioquímica, continua a ser um obstáculo significativo. Outro desafio é a integração de construções bioimpressas com o tecido hospedeiro circundante, o que é essencial para a regeneração bem sucedida de órgãos ou tecidos danificados. Além disso, o desenvolvimento de biotintas adequadas que possam suportar a viabilidade celular, a diferenciação e a função a longo prazo é fundamental para o avanço deste domínio.

Outra área de preocupação é a escalabilidade e a reprodutibilidade da bioimpressão. À medida que a bioimpressão avança para aplicações clínicas, são necessários processos normalizados que garantam uma qualidade consistente e um elevado rendimento, o que é essencial para o fabrico de tecidos em grande escala e para tratamentos personalizados. Além disso, os quadros regulamentares ainda estão a evoluir para enfrentar os desafios únicos colocados pela utilização de tecidos vivos em aplicações médicas. As considerações éticas, como a origem das células e os riscos potenciais da utilização de órgãos bioimpressos em seres humanos, também apresentam preocupações significativas que precisam de ser abordadas.

Olhando para o futuro, os avanços nas tecnologias de bioimpressão, como o desenvolvimento de impressoras 3D mais avançadas, melhores biotintas e a integração com a inteligência artificial e a aprendizagem automática, oferecem possibilidades interessantes para ultrapassar estes desafios. A investigação em curso nestas áreas tem o potencial de melhorar a precisão, a escalabilidade e a funcionalidade dos tecidos e órgãos bioimpressos. Com a inovação e colaboração contínuas entre cientistas, engenheiros e clínicos, a bioimpressão tem o potencial de revolucionar a medicina, oferecendo soluções para doenças anteriormente incuráveis e melhorando drasticamente os resultados dos doentes.

Este capítulo explorará os desafios actuais da bioimpressão, como as limitações técnicas, os obstáculos regulamentares e as preocupações éticas, bem como examinará as perspectivas futuras da tecnologia e o seu potencial para transformar os cuidados de saúde nos próximos anos.

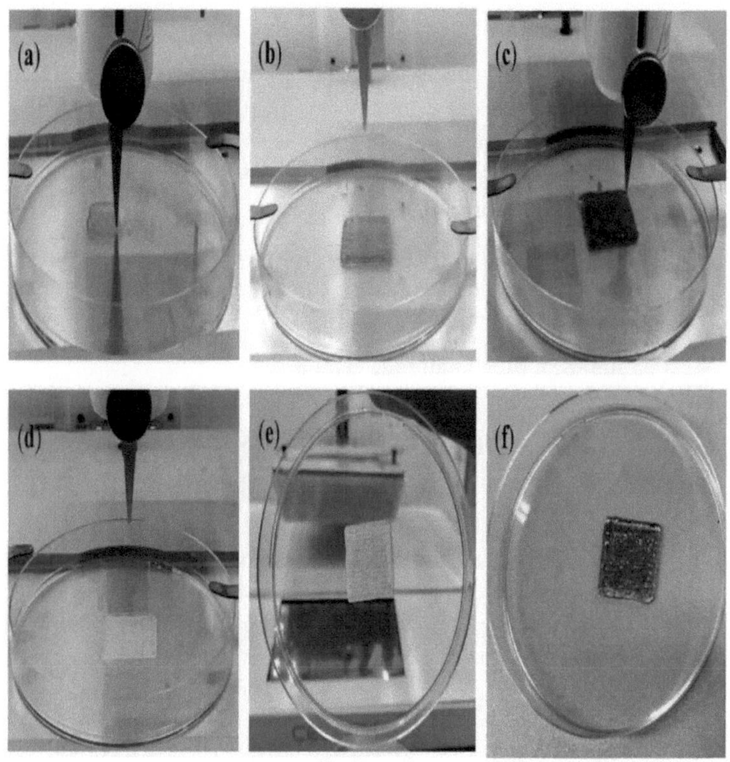

Figura 2. (a) Estruturas CH-GE-PEG impressas em 3D com 0.5% w/v GE, (b) estruturas CH-GE-PEG impressas em 3D com 1% w/v GE, (c) estruturas CH-GE-PEG impressas em 3D com 2% w/v GE, (d) bioimpressão de alginato como primeira camada, (e) camada de alginato bioimpressa de uma perspetiva alternativa, e (f) construções 3D de alginato/CH-GE- PEG/KCs-HDFs bioimpressas com 1% GE (Hafezi et al, 2020).

8.2. Limitações actuais da bioimpressão

A bioimpressão registou progressos notáveis, mas subsistem vários obstáculos técnicos e operacionais.

- **Limitações materiais**
  - A disponibilidade de biotintas adequadas é um desafio significativo. As biotintas devem equilibrar a capacidade de impressão, a biocompatibilidade e a resistência mecânica, mas muitos dos materiais existentes não cumprem todos estes requisitos (Cui et al., 2020).
  - As opções limitadas de biomateriais que imitam as propriedades de tecidos complexos, como a cartilagem ou o tecido neural, impedem o progresso.
- **Viabilidade e funcionalidade celular**
  - É fundamental manter uma elevada viabilidade celular durante o processo de impressão. As tensões mecânicas durante a extrusão ou a bioimpressão assistida por laser podem danificar as células.
  - Conseguir a funcionalidade a longo prazo dos tecidos bioimpressos, incluindo a vascularização e a integração com os sistemas hospedeiros, continua a ser um desafio (Murphy & Atala, 2014).
- **Resolução e complexidade**
  - Apesar dos avanços nas tecnologias de impressão, é difícil obter a resolução fina necessária para estruturas de tecidos complexas, como capilares e redes neuronais.
  - A reprodução da natureza dinâmica dos tecidos, incluindo as suas propriedades bioquímicas e biomecânicas, é outro domínio que requer inovação.
- **Escalabilidade e normalização**
  - O aumento da escala dos processos de bioimpressão para aplicações clínicas e industriais constitui um obstáculo significativo.
  - A falta de normalização nos protocolos de bioimpressão e nas medidas de controlo de qualidade limita a reprodutibilidade e a

comercialização.

8.3. Considerações éticas e quadros regulamentares

O rápido crescimento da bioimpressão tem levantado importantes questões éticas e regulamentares.

- **Desafios éticos**
  - **Criação de tecidos e órgãos humanos**: A capacidade de criar tecidos humanos ou órgãos inteiros levanta questões filosóficas sobre o que constitui a vida e como tais construções devem ser usadas.
  - **Equidade de acesso**: As tecnologias avançadas de bioimpressão podem inicialmente estar disponíveis apenas para instituições ou indivíduos ricos, agravando as disparidades nos cuidados de saúde.
  - **Potencial utilização indevida**: A possibilidade de utilizar a bioimpressão para fins não médicos, tais como melhorar traços físicos ou criar construções biológicas não consensuais, é uma preocupação crescente (Kang et al., 2020).
- **Quadros regulamentares**
  - **Classificação e aprovação**: As agências reguladoras, como a FDA e a EMA, têm de estabelecer diretrizes claras para a classificação e aprovação de produtos com bioimpressão. São dispositivos médicos, produtos biológicos ou outra coisa qualquer?
  - **Segurança a longo prazo**: Garantir a segurança e a eficácia das construções bioimpressas, especialmente para implantações a longo prazo, exige testes pré-clínicos e clínicos alargados.
  - **Propriedade intelectual**: A natureza proprietária das tecnologias e materiais de bioimpressão pode criar disputas legais sobre a propriedade e os direitos de patente.
- **Perceção do público**
  - Educar o público sobre os benefícios e as limitações da bioimpressão é crucial para obter a aceitação da sociedade e

responder a potenciais preocupações éticas.

8.4. O futuro da bioimpressão na medicina

A bioimpressão é uma promessa imensa para o futuro da medicina. As principais áreas de desenvolvimento e aplicação incluem:

1. **Medicina personalizada**
   - As construções específicas para cada doente, utilizando células autólogas, irão revolucionar os tratamentos, reduzindo as taxas de rejeição e melhorando os resultados terapêuticos.
   - Os modelos bioimpressos permitirão a personalização de terapias medicamentosas com base em perfis genéticos e celulares individuais.
2. **Fabrico de órgãos**
   - Os avanços nas tecnologias e materiais de bioimpressão poderão em breve permitir a criação de órgãos vascularizados e totalmente funcionais para transplante, abordando a crise global de escassez de órgãos (Ng et al., 2021).
   - A integração da inteligência artificial (IA) e da aprendizagem automática nos fluxos de trabalho de bioimpressão pode otimizar o design, a seleção de materiais e os processos de fabrico.
3. **Modelação de doenças e ensaios de medicamentos**
   - Os tecidos bioimpressos e os modelos de órgãos desempenharão um papel cada vez mais importante na compreensão de doenças complexas e no ensaio de novas terapias.
   - Os sistemas de bioimpressão de alto rendimento poderão acelerar o processo de descoberta de medicamentos, reduzindo os custos e melhorando a taxa de sucesso dos ensaios clínicos.
4. **Tecnologias emergentes**
   - **Bioimpressão 4D**: A adição do tempo como uma dimensão na

bioimpressão permitirá o fabrico de construções dinâmicas que mudam de forma ou de função em resposta a estímulos ambientais.

  - **Nano-Bioimpressão**: Os avanços na nanotecnologia permitirão a criação de estruturas ultra-precisas para aplicações como a engenharia de tecidos neurais.

5. **Colaboração global**
   - As colaborações multidisciplinares entre engenheiros, biólogos, clínicos e organismos reguladores impulsionarão a inovação.
   - Iniciativas globais para normalizar protocolos e partilhar conhecimentos irão acelerar o crescimento deste campo.

8.5. Impacto da Inteligência Artificial (IA)

A Inteligência Artificial (IA) está a ter um impacto significativo na bioimpressão, melhorando vários aspectos do processo, desde a conceção à execução, e contribuindo para o desenvolvimento de tecidos bioimpressos mais complexos e funcionais. Uma das principais áreas em que a IA está a fazer a diferença é na otimização da formulação de biotintas e na seleção de materiais. Os algoritmos de IA ajudam no desenvolvimento de biotintas, analisando grandes quantidades de dados para prever as melhores combinações de materiais que permitem que as células sobrevivam, se diferenciem e desempenhem as funções pretendidas. Estes algoritmos também podem simular o comportamento de diferentes biotintas em várias condições, acelerando o processo de desenvolvimento de materiais (Lee et al., 2020).

A IA também desempenha um papel fundamental na fase de conceção da bioimpressão. Através da aprendizagem automática e de algoritmos de aprendizagem profunda, a IA ajuda a criar modelos 3D complexos que replicam a estrutura e a funcionalidade dos tecidos e órgãos humanos. Os sistemas de IA podem analisar dados específicos do paciente, como tomografias ou ressonâncias magnéticas, para gerar modelos personalizados de tecidos ou órgãos adaptados a cada paciente. Este nível de personalização melhora o sucesso das construções bioimpressas, especialmente na medicina personalizada (Mao et al., 2020).

Além disso, a IA melhora a precisão e a exatidão da bioimpressão, monitorizando e controlando o processo de impressão em tempo real. Ao analisar dados de sensores e câmaras incorporados na impressora 3D, os algoritmos de IA ajustam dinamicamente os parâmetros de impressão, como a pressão, a temperatura e a velocidade, para otimizar a qualidade da impressão. Isto ajuda a reduzir os erros e garante que a construção impressa corresponde às especificações desejadas, conduzindo a resultados mais fiáveis e consistentes. A capacidade de manter uma elevada precisão é crucial aquando da impressão de tecidos vivos (Valot et al., 2020).

A IA também desempenha um papel na automatização do fluxo de trabalho da bioimpressão. Os sistemas robóticos alimentados por IA podem posicionar biotintas, células e suportes com elevada precisão, permitindo a impressão de estruturas mais complexas. As máquinas alimentadas por IA também podem monitorizar a viabilidade das células e garantir que os componentes biológicos da impressão permanecem funcionais durante todo o processo. Ao automatizar muitos dos processos envolvidos, a IA ajuda a reduzir o tempo e o custo da bioimpressão, tornando a tecnologia mais escalável e acessível para aplicações clínicas (Khalil et al., 2019).

No domínio da modelação de doenças e do ensaio de medicamentos, a IA melhora a utilidade dos modelos bioimpressos. Ao integrar a IA na modelação de doenças, os investigadores podem simular os processos biológicos de várias doenças com maior precisão e prever a forma como diferentes medicamentos ou terapias irão interagir com os tecidos bioimpressos. Os algoritmos de aprendizagem automática podem analisar grandes conjuntos de dados de modelos de doenças bioimpressas para identificar potenciais alvos terapêuticos, otimizar as dosagens de medicamentos e prever respostas específicas dos doentes, o que é especialmente benéfico na medicina personalizada (Lee et al., 2020).

Por último, a IA tem potencial para resolver um dos maiores desafios da bioimpressão - a integração dos tecidos bioimpressos com o tecido hospedeiro. Os algoritmos de IA podem ajudar a prever a forma como as construções bioimpressas irão interagir com o tecido circundante depois de implantadas, optimizando os desenhos para promover uma melhor integração e funcionalidade. Além disso, a IA pode ajudar a conceber redes vasculares dentro dos tecidos bioimpressos, que são cruciais para garantir o fornecimento de nutrientes e oxigénio, prevenir a necrose dos tecidos e apoiar a funcionalidade a longo prazo (Mao et al., 2020).

Resumidamente, a IA está a desempenhar um papel transformador na bioimpressão, melhorando a precisão, a escalabilidade e a funcionalidade da tecnologia. Desde a formulação de bioink e design de tecidos até à melhoria da qualidade de impressão e ao avanço da modelação de doenças, a IA está a ajudar a bioimpressão a atingir novos níveis de eficiência e eficácia. À medida que a IA continua a evoluir, espera-se que a sua integração com a bioimpressão conduza a avanços ainda mais significativos na engenharia de tecidos, na medicina regenerativa e nos cuidados de saúde personalizados, conduzindo, em última análise, a tratamentos mais eficazes e a melhores resultados para os doentes.

8.6. Conclusão

A bioimpressão está preparada para transformar a medicina, oferecendo soluções para alguns dos desafios mais prementes no sector dos cuidados de saúde, incluindo a escassez de órgãos, as ineficiências no desenvolvimento de medicamentos e as necessidades de tratamento personalizado. No entanto, a resolução dos actuais obstáculos técnicos, éticos e regulamentares é fundamental para garantir o seu desenvolvimento responsável e equitativo. À medida que os avanços nos materiais, tecnologias e colaborações interdisciplinares continuam, o futuro da bioimpressão promete redefinir as fronteiras da ciência médica e da saúde humana.

Referências

1. Cui, H., Miao, S., Esworthy, T., Zhou, X., Lee, S. J., Liu, C., & Zhang, L. G. (2020). Bioimpressão 3D para regeneração cardiovascular e farmacologia. *Advanced Drug Delivery Reviews, 132,* 252-269. https://doi.org/10.1016/j.addr.2020.02.016
2. Kang, H. W., Lee, S. J., Ko, I. K., Kengla, C., Yoo, J. J., & Atala, A. (2020). Um sistema de bioimpressão 3D para produzir construções de tecido em escala humana com integridade estrutural. *Nature Biotechnology, 34*(3), 312-319. https://doi.org/10.1038/nbt.3413
3. Murphy, S. V., & Atala, A. (2014). Bioimpressão 3D de tecidos e órgãos. *Nature Biotechnology, 32*(8), 773-785. https://doi.org/10.1038/nbt.2958

4. Hafezi, F., Shorter, S., Tabriz, A. G., Hurt, A., Elmes, V., Boateng, J., & Douroumis, D. (2020). Bioimpressão e teste preliminar de novo bioink altamente reprodutível para potencial regeneração da pele. *Pharmaceutics*, *12*(6), 550. https://doi.org/10.3390/pharmaceutics12060550
5. Ng, W. L., Chua, C. K., Shen, Y. F., & Tang, Y. (2021). Bioimpressão da pele: Realidade iminente ou fantasia? *Tendências em Biotecnologia, 39*(6), 611-624. https://doi.org/10.1016/j.tibtech.2020.12.004
6. Khalil, S., et al. (2019). Inteligência artificial na bioimpressão: Estado atual e perspetivas futuras. *Bioprinting, 16,* e00062. https://doi.org/10.1016Zj.bprint.2019.e00062
7. Lee, J., et al. (2020). IA na bioimpressão: Uma revisão sobre os impactos da inteligência artificial na tecnologia de bioimpressão 3D. *Journal of Manufacturing Processes, 57,* 97-105. https://doi.org/10.1016/jjmapro.2020.06.039

8. Mao, S., et al. (2020). Avanços recentes na impressão 3D de modelos de órgãos em um chip: Uma atualização. *Biomedical Engineering Letters, 10(2),* 235-247. https://doi.org/10.1007/s13534-020-00158-3
9. Valot, A., et al. (2020). O papel da inteligência artificial na bioimpressão: Uma revisão. *Computadores em Biologia e Medicina, 118,* 103636. https://doi.org/10.1016Zj.compbiomed.2019.103636

Capítulo 9: Estudos de caso e histórias de sucesso

Estudos de caso e histórias de sucesso

O campo da bioimpressão tem assistido a várias realizações marcantes que sublinham o seu potencial transformador na engenharia de tecidos, na medicina regenerativa e não só. Através da investigação translacional e da adoção clínica, a bioimpressão passou de construções teóricas para aplicações no mundo real, abordando desafios críticos nos cuidados de saúde. Este capítulo explora histórias de sucesso notáveis, exemplos de investigação translacional e avanços na indústria e nas práticas clínicas que realçam o impacto das tecnologias de bioimpressão.

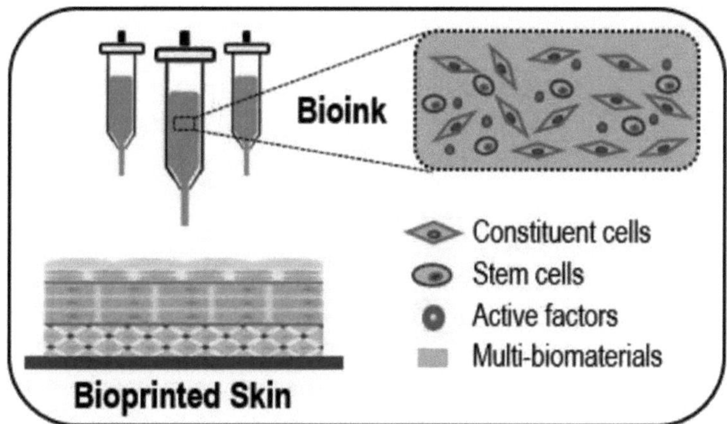

Figura 1. Desenvolvimentos na Bioimpressão (Xu et al., 2020).

9.1. Realizações marcantes na bioimpressão

◆ Pele bioimpressa em 3D para vítimas de queimaduras

Uma das realizações mais significativas da bioimpressão é a criação de enxertos de pele funcionais para doentes queimados. Os investigadores desenvolveram construções de pele bioimpressa que reproduzem as propriedades estruturais e funcionais da pele humana. Estas construções são produzidas utilizando uma combinação de fibroblastos, queratinócitos e hidrogéis biocompatíveis, permitindo uma cobertura eficaz da ferida e uma cicatrização acelerada (Mota et al., 2020). Empresas como a Organovo e institutos de investigação a nível mundial estão a fazer progressos no avanço da pele bioimpressa para utilização clínica.

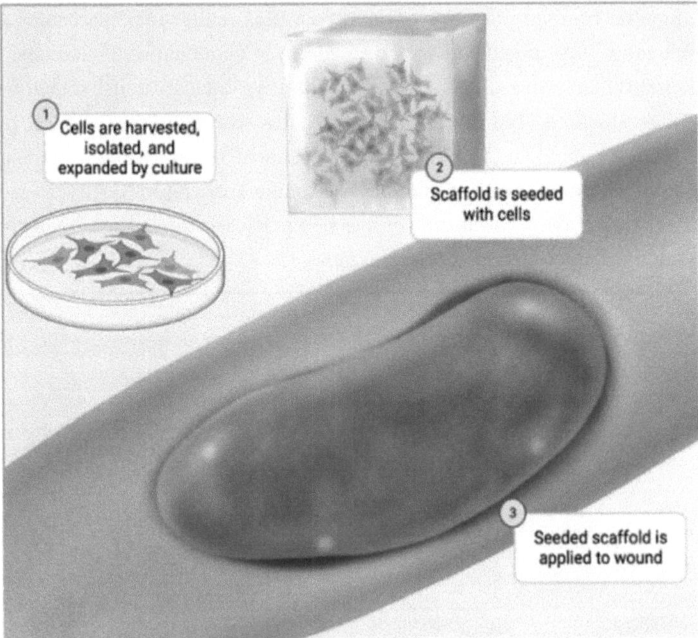

Figura 2. A aplicação de células na engenharia de tecidos para promover a recuperação de feridas. O processo de organizar as células estaminais num suporte e permitir a sua proliferação é designado por sementeira de células estaminais, ou transplante de células estaminais da pele de um dador. O suporte semeado é colocado sobre a ferida depois de terminada a proliferação. O rápido crescimento das células estaminais pode então promover a cicatrização da ferida (Downer et al., 2023).

❖ Organóides bioimpressos para modelação de doenças

A bioimpressão permitiu o fabrico de organoides miniaturizados que imitam o comportamento fisiológico e patológico dos tecidos humanos. Por exemplo, os organóides hepáticos bioimpressos estão a ser utilizados para estudar a toxicidade dos medicamentos e as doenças do fígado, constituindo uma alternativa fiável aos modelos animais. Esses organoides facilitam a medicina personalizada, permitindo o teste de drogas em células específicas do paciente (Chen et al., 2021).

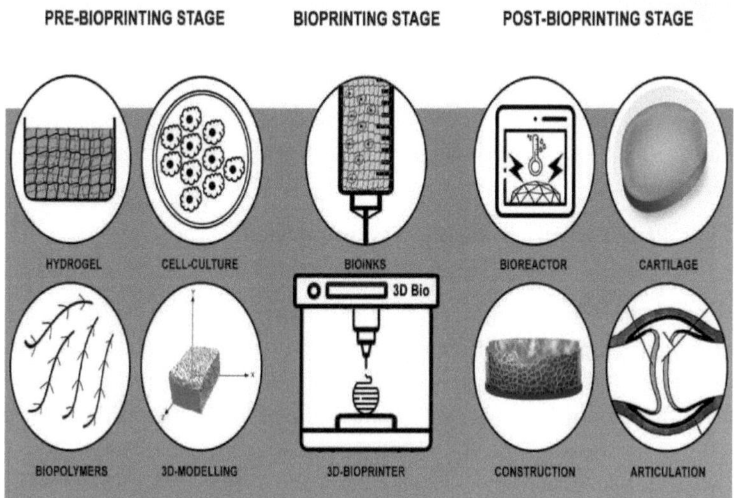

Figura 3. Bioimpressão 3D de Cartilagem Articular Hialina (Volova et al., 2022).

❖ Cartilagem bioimpressa em 3D para reparação de articulações

Em aplicações ortopédicas, a bioimpressão tem sido fundamental na criação de estruturas de cartilagem para reparar defeitos nas articulações. Os investigadores conseguiram bioimprimir tecidos de cartilagem utilizando biotintas compostas por condrócitos e hidrogéis como o alginato ou o colagénio. Estas construções demonstram uma elevada estabilidade mecânica e viabilidade celular, oferecendo soluções promissoras para o tratamento de doenças articulares degenerativas como a osteoartrite (Luo et al., 2019).

9.1. Exemplos de investigação translacional

◆ Tecidos vascularizados bioimpressos

Um dos desafios críticos na engenharia de tecidos é conseguir a vascularização para suportar o fornecimento de nutrientes e oxigénio em tecidos maiores. A investigação translacional tem-se centrado na bioimpressão de tecidos vascularizados utilizando células endoteliais e biotintas carregadas de factores de crescimento. A integração bem-sucedida de redes vasculares em tecidos bioimpressos lançou as bases para a fabricação de órgãos complexos, como construções de rins e fígado (Kolesky et al., 2016).

◆ Pensos cardíacos bioimpressos funcionais

Na cardiologia regenerativa, os adesivos cardíacos bioimpressos demonstraram o potencial de reparação do tecido miocárdico danificado após um ataque cardíaco. Utilizando células cardíacas e biomateriais, estes adesivos são concebidos para se integrarem no tecido cardíaco nativo e restaurarem a função. Investigadores de instituições como a Universidade de Tel Aviv alcançaram marcos significativos ao bioimprimir adesivos com capacidades contrácteis e condutividade eléctrica (Noor et al., 2019).

◆ Implantes de córnea bioimpressos

Os esforços de tradução em oftalmologia conduziram à bioimpressão de implantes da córnea utilizando biotintas à base de colagénio. Foi demonstrado que estes implantes replicam a curvatura e a transparência da córnea humana, dando resposta à escassez global de córneas de dadores para transplante. Estão a decorrer ensaios clínicos para avaliar a eficácia a longo prazo destas construções (Isaacson et al., 2018).

9.2. Adoção clínica e pela indústria

◆ Startups emergentes de bioimpressão

Várias empresas, incluindo a Organovo, a CELLINK e a Aspect Biosystems, estão a liderar a adoção comercial de tecnologias de bioimpressão. Estas empresas centram-se no fornecimento de bioimpressoras, biotintas e soluções de bioimpressão personalizadas para aplicações clínicas e de investigação. Os seus produtos estão a ser utilizados para criar modelos de tecidos para testes farmacêuticos e estudos pré-clínicos (Murphy & Atala,

2014).

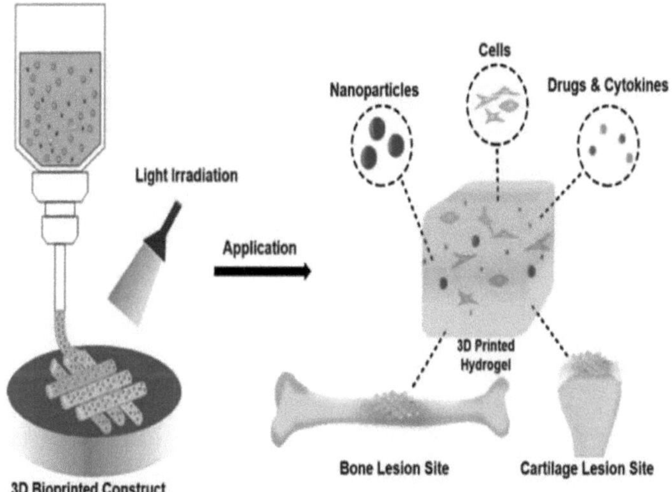

Figura 4. Representação esquemática de hidrogéis foto-reticuláveis utilizados na bioimpressão de ossos e cartilagens (Tan et al., 2022).

❖ Ensaios clínicos de produtos com bioimpressão

Os tecidos bioimpressos estão gradualmente a entrar em ensaios clínicos, marcando um passo significativo no sentido da aprovação regulamentar e da adoção generalizada. Por exemplo, as construções de pele bioimpressa e os implantes de cartilagem estão a ser testados quanto à segurança, eficácia e integração com os tecidos do hospedeiro. Estes ensaios têm como objetivo colmatar a lacuna entre a investigação laboratorial e as aplicações no mundo real, demonstrando o potencial clínico da bioimpressão (Nguyen et al., 2020).

❖ Colaborações entre o mundo académico e a indústria

A colaboração entre instituições académicas e empresas de bioimpressão acelerou a transposição das inovações da bioimpressão para contextos clínicos. Por exemplo, as parcerias entre universidades e empresas de biotecnologia estão a impulsionar o desenvolvimento de biotintas avançadas, novas técnicas de impressão e processos de fabrico escaláveis (Ozbolat et al., 2020).

9.3. Conclusão

Os estudos de caso e as histórias de sucesso no domínio da bioimpressão realçam o potencial do campo para enfrentar os desafios críticos dos cuidados de saúde e fazer avançar a medicina translacional. Desde a criação de tecidos e organoides funcionais até à realização de ensaios clínicos de produtos bioimpressos, o percurso da bioimpressão é marcado por realizações inovadoras e esforços de colaboração. À medida que as tecnologias de bioimpressão continuam a evoluir, a sua integração na indústria e em contextos clínicos irá provavelmente redefinir o futuro da medicina personalizada e dos cuidados de saúde regenerativos.

Referências

1. Xu, J., Zheng, S., Hu, X., Li, L., Li, W., Parungao, R., Wang, Y., Nie, Y., Liu, T., & Song, K. (2020). Avanços na pesquisa de Bioinks baseados em colágeno natural, polissacarídeo e seus derivados para bioimpressão 3D de pele. *Polímeros, 12*(6), 1237. https://doi.org/10.3390/polym12061237
2. Chen, Y., Tan, H., & Zheng, S. (2021). Avanços em organoides de fígado bioimpressos para descoberta de drogas e modelagem de doenças. *Bioengenharia e Medicina Translacional, 6*(1), e10189.
3. Downer, M., Berry, C. E., Parker, J. B., Kameni, L., & Griffin, M. (2023). Biomateriais actuais para a cicatrização de feridas. *Bioengenharia, 10*(12), 1378. https:// doi .org/10.3390/bioengineering10121378
4. Isaacson, A., Swioklo, S., & Connon, C. J. (2018). Bioimpressão 3D de um equivalente de estroma da córnea. *Pesquisa Experimental do Olho, 173,* 188-193.
5. Kolesky, D. B., Homan, K. A., Skylar-Scott, M. A., & Lewis, J. A. (2016). Bioimpressão tridimensional de tecidos vascularizados espessos. *Actas da Academia Nacional de Ciências, 113(12),* 3179-3184.
6. Volova, L. T., Kotelnikov, G. P., Shishkovsky, I., Volov, D. B., Ossina, N., Ryabov, N. A., Komyagin, A. V., Kim, Y. H., & Alekseev, D. G. (2022). Bioimpressão 3D de Cartilagem Articular Hialina: Biopolímeros, hidrogéis e bioinks. *Polymers, 15(12),* 2695. https://doi.org/10.3390/polym15122695
7. Luo, Y., Lode, A., & Gelinsky, M. (2019). Impressão direta de

biomateriais para regeneração de tecidos. *AdvancedHealthcare Materials, S*(12), 1900297.

8. Mota, C., Camarero-Espinosa, S., & Baker, M. B. (2020). Bioimpressão para engenharia de tecidos da pele. *Materials Today, 39,* 10-23.
9. Murphy, S. V., & Atala, A. (2014). Bioimpressão 3D de tecidos e órgãos. *Nature Biotechnology, 32*(8), 773-785.
10. Nguyen, D., et al. (2020). Modelos de tecido de pele bioimpressos para várias aplicações. *Frontiers in Bioengineering and Biotechnology, 8,* 853.
11. Tan, G., Xu, J., Yu, Q., Zhang, J., Hu, X., Sun, C., & Zhang, H. (2022). Hidrogéis foto-reticuláveis para bioimpressão 3D no reparo de defeitos osteocondrais: Uma revisão das aplicações atuais e perspectivas futuras. *Micromachines, 13(7),* 1038. https://doi.org/10.3390/mi13071038
12. Noor, N., Shapira, A., Edri, R., Gal, I., Wertheim, L., & Dvir, T. (2019). Impressão 3D de adesivos e corações cardíacos personalizados, espessos e perfusíveis. *Ciência Avançada, 6*(11), 1900344.
13. Ozbolat, I. T., Hospodiuk, M., & Moncal, K. K. (2020). Avanços actuais e perspectivas futuras da bioimpressão para a engenharia de tecidos e órgãos. *Journal of Materials Science, 55*(51), 16424-16447.

Capítulo 10: Observações finais

Observações finais

10.1. Resumindo o percurso da bioimpressão

A bioimpressão surgiu como uma das inovações mais revolucionárias na engenharia biomédica, marcando uma mudança de paradigma na forma como os tecidos e os órgãos podem ser fabricados. O percurso da bioimpressão começou com a investigação fundamental sobre o fabrico de aditivos e, desde então, evoluiu para uma tecnologia sofisticada capaz de dar resposta a alguns dos desafios mais prementes no domínio dos cuidados de saúde. A sua capacidade de fabricar estruturas de tecido complexas, camada por camada, utilizando biomateriais e células vivas, abriu caminhos para avanços sem precedentes na engenharia de tecidos, medicina regenerativa e medicina personalizada.

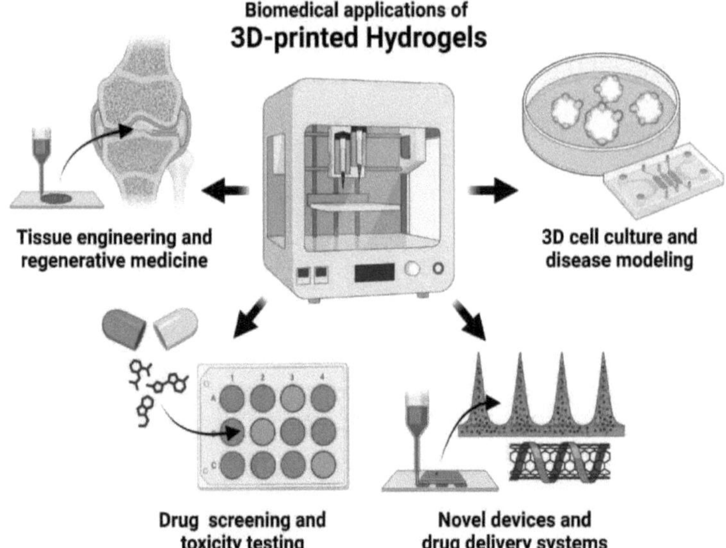

Figura 1. Utilizações modernas de hidrogéis impressos em 3D na biomedicina (Barcena et al., 2023).

Ao longo dos anos, foram desenvolvidas várias técnicas de bioimpressão, como a bioimpressão a jato de tinta, a bioimpressão por extrusão e a bioimpressão assistida por laser, para responder a diferentes aplicações. Estas metodologias oferecem vantagens únicas, desde a elevada precisão à versatilidade na utilização de materiais, contribuindo cada uma delas para os avanços na criação de tecidos funcionais. O progresso nas formulações de bioink também desempenhou um papel fundamental na bioimpressão, permitindo a incorporação de uma vasta gama de materiais naturais e sintéticos que imitam a matriz extracelular, apoiam o crescimento celular e garantem a biocompatibilidade.

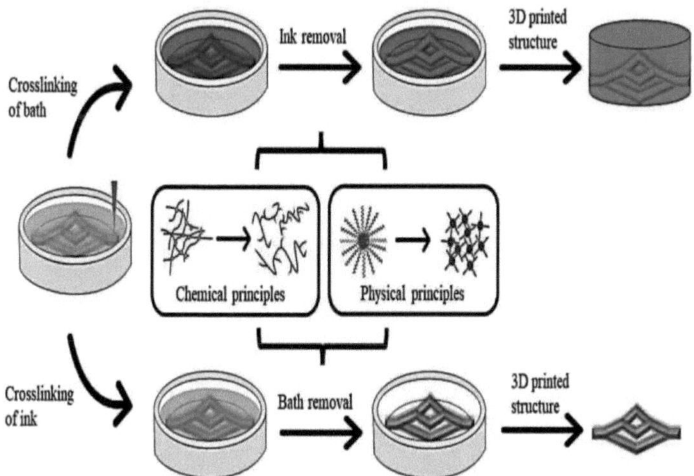

Figura 2. As aplicações de biomateriais baseadas nos conceitos de reticulação físico-química são representadas de forma esquemática (Liu et al., 2022).

Realizações marcantes, incluindo pele bioimpressa para vítimas de queimaduras, tecidos vascularizados para transplante e organóides para modelação de doenças, realçam os avanços significativos feitos neste domínio. Estes marcos demonstram a viabilidade da bioimpressão para aplicações no mundo real, desde testes de medicamentos e investigação de doenças até potenciais intervenções terapêuticas. Além disso, a integração da bioimpressão com tecnologias como a inteligência artificial, a biologia das células estaminais e as plataformas de órgãos num chip expandiu ainda mais o seu âmbito, criando uma fronteira multidisciplinar onde convergem a engenharia, a biologia e a medicina.

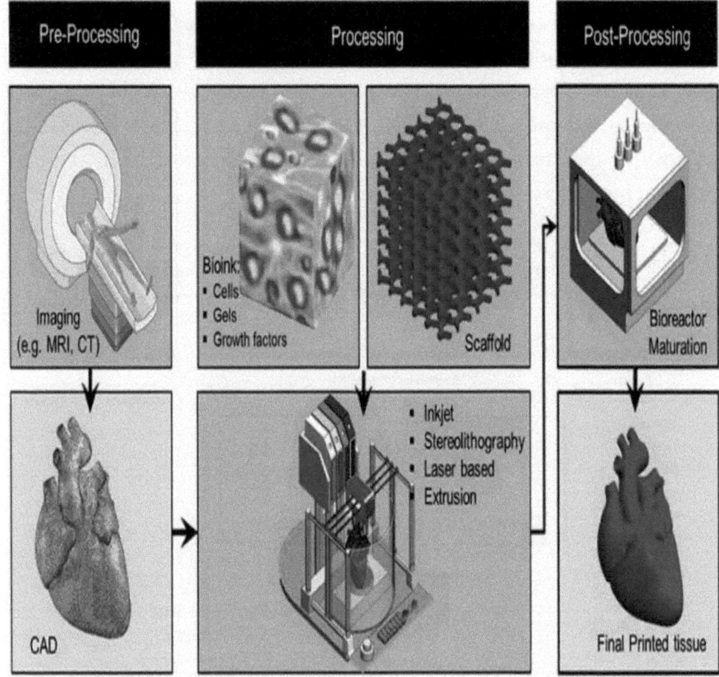

Figura 3. Ilustração diagramática do procedimento de bioimpressão (Assad et al., 2022).

Embora este domínio tenha registado progressos notáveis, continuam a existir desafios. As questões relacionadas com a escalabilidade, a funcionalidade dos tecidos a longo prazo, a vascularização e as aprovações regulamentares têm de ser resolvidas antes de a bioimpressão atingir uma adoção clínica generalizada. Apesar destes obstáculos, o percurso da bioimpressão é um testemunho da inovação e resiliência humanas, ilustrando o potencial para resolver problemas biomédicos complexos e melhorar a qualidade de vida.

10.2. Oportunidades de investigação futura

O futuro da bioimpressão está repleto de oportunidades que prometem elevar esta tecnologia das suas capacidades actuais para novos patamares. Uma das áreas mais críticas para investigação futura é o desenvolvimento de biotintas avançadas. Embora as biotintas existentes tenham permitido um progresso significativo, há necessidade de materiais que ofereçam maior resistência mecânica, taxas de degradação ajustáveis e melhores interações célula-matriz. A exploração de biotintas inteligentes, que respondem a estímulos ambientais como a temperatura ou o pH, poderá revolucionar o fabrico de construções de tecidos dinâmicos e adaptáveis.

As técnicas de bioimpressão híbrida representam outra via promissora para a inovação. Combinando os pontos fortes de várias modalidades de impressão, os investigadores podem enfrentar os desafios de replicar a arquitetura e a funcionalidade dos tecidos nativos. Por exemplo, a combinação da bioimpressão por extrusão para suporte estrutural com a bioimpressão por jato de tinta para deposição de células pode permitir o fabrico de tecidos mais complexos e funcionais.

A criação de tecidos totalmente vascularizados e funcionais continua a ser um desafio de investigação significativo. A vascularização é essencial para a sobrevivência e integração de construções bioimpressas in vivo, uma vez que assegura o fornecimento de nutrientes e oxigénio às células. Os avanços na impressão de redes vasculares perfusíveis, a incorporação de células endoteliais e a integração de factores de crescimento são passos essenciais para atingir este objetivo.

A bioimpressão de órgãos inteiros, considerada o "Santo Graal" da área, requer uma investigação aprofundada sobre impressão multimaterial, bioimpressoras de grande escala e técnicas de biofabricação que possam reproduzir as propriedades estruturais, mecânicas e funcionais de órgãos como o rim, o fígado e o coração. A concretização deste objetivo exigirá não só inovação técnica, mas também uma estreita colaboração entre disciplinas, envolvendo engenheiros, cientistas de materiais, biólogos e clínicos.

As considerações éticas e os quadros regulamentares são também áreas vitais para exploração futura. À medida que a bioimpressão se aproxima das aplicações clínicas, será essencial abordar questões relacionadas com a segurança dos doentes, os resultados a longo prazo e o acesso equitativo a estas tecnologias. O desenvolvimento de protocolos padronizados e de diretrizes regulamentares robustas garantirá que os produtos bioimpressos cumprem os mais elevados padrões de segurança e eficácia.

A relação custo-eficácia e a escalabilidade continuam a ser fundamentais para a adoção generalizada da bioimpressão nos cuidados de saúde. A investigação sobre bioimpressoras económicas, biotintas eficientes em termos de custos e processos de produção simplificados pode tornar a bioimpressão acessível a um público mais vasto, incluindo em locais com poucos recursos. Além disso, o avanço da automação na bioimpressão, possivelmente através da IA integração, pode melhorar a reprodutibilidade e a escalabilidade da tecnologia.

Em conclusão, a bioimpressão está pronta para redefinir a medicina tal como a conhecemos. O seu percurso desde as estruturas conceptuais até à investigação translacional demonstra o seu imenso potencial, e as oportunidades para uma maior exploração são ilimitadas. Ao abordar os desafios existentes e ao alavancar a colaboração interdisciplinar, a bioimpressão pode abrir caminho para um futuro em que tecidos e órgãos complexos possam ser fabricados a pedido, abrindo caminho a novas possibilidades terapêuticas e a melhores cuidados para os doentes em todo o mundo.

Referências

1. Barcena, A. J., Dhal, K., Patel, P., Ravi, P., Kundu, S., & Tappa, K. (2023). Aplicações biomédicas atuais de hidrogéis impressos em 3D. *Gels, 10(1),* 8.
2. Liu, S., Wang, T., Li, S., & Wang, X. (2022). Status de aplicação de biomateriais sacrificiais em bioimpressão 3D. *Polymers, 14*(11), 2182.
3. Assad, H., Assad, A., & Kumar, A. (2022). Desenvolvimentos recentes em bioimpressão 3D e suas aplicações biomédicas. *Pharmaceutics, 15*(1), 255. http s://doi.org/10.3390/pharmaceutics15010255

Printed by Books on Demand GmbH, Norderstedt / Germany